典型岩溶地下河系统水循环机理研究

夏日元 赵良杰 王 喆 等 著

科学出版社

北 京

内 容 简 介

本书在介绍海洋—寨底地下河系统自然地理、地质背景、岩溶发育特征和水文地质条件的基础上，系统且详细地研究了水文地质动态监测系统、水动力及水化学动态特征、地下河系统水动力场，并进行了水循环转化试验，建立了水资源评价数值模型，揭示了人类活动和环境变化对地下水可持续利用能力的影响，为地下河水资源开发利用、水污染防治和生态环境综合整治提供了科研条件。

本书适合岩溶学、水文地质学、环境学、生态学等专业的科研人员和高校师生参考阅读。

图书在版编目（CIP）数据

典型岩溶地下河系统水循环机理研究/夏日元等著. —北京：科学出版社，2020.6

ISBN 978-7-03-065358-1

Ⅰ. ①典… Ⅱ. ①夏… Ⅲ. ①岩溶区－伏流－水循环－研究－桂林 Ⅳ. ①P941.77

中国版本图书馆 CIP 数据核字（2020）第 092861 号

责任编辑：郭勇斌　彭婧煜　邓新平/责任校对：杜子昂
责任印制：师艳茹/封面设计：众轩企划

科学出版社 出版
北京东黄城根北街 16 号
邮政编码：100717
http://www.sciencep.com

北京汇瑞嘉合文化发展有限公司 印刷
科学出版社发行　各地新华书店经销
*
2020 年 6 月第 一 版　开本：720×1000　1/16
2020 年 6 月第一次印刷　印张：14 1/4
字数：276 000

定价：148.00 元
（如有印装质量问题，我社负责调换）

本书著者名单

夏日元　赵良杰　王　喆　卢海平

易连兴　曹建文　张庆玉　梁　彬

邹胜章　卢东华　栾　崧

前　　言

　　我国南方岩溶地区，碳酸盐岩地表溶蚀作用强烈，大气降水和地表水快速渗漏到地下，导致地表水系不发育，而地下则发育了 2763 条地下河，总长度达 12 687km，汇水面积 30 万 km^2，枯季径流量达 470 亿 m^3/a。其中，广西、贵州、云南和湖南为岩溶地下河的主要分布区，地下河规模较大，流量相对较大。地下河含有丰富的水资源，但由于其埋藏于地下数百米，发育与分布规律十分复杂，地表仅能见到地下河出口和少数天窗，受地层、构造、水文和地貌等多种因素影响，地下分布结构复杂，具有强烈的非均一性；介质由孔、隙、缝、管、洞构成，具有多重性；水流运动由快速流、慢速流构成，具有多相性。这些特点影响了地下河水资源的有效开发利用与保护，目前开发利用率不足 20%。

　　2008 年起，中国地质科学院岩溶地质研究所筹建了"海洋—寨底地下河系统野外研究试验基地"，2011 年成为国土资源部（现为自然资源部）野外科学研究基地。该基地位于桂林市东郊灵川县海洋乡和潮田乡，流域面积 33km^2，地貌类型属中低山峰丛洼地和峰林谷地，地势高差 150～200m，补给区与地下河出口水位差 110～190m。该地下河系统结构完整，东西边界为非碳酸盐岩隔水边界，北部为地下分水岭边界，南部为地下河集中排泄带。系统内明流与暗流相间，地下水具有多级排泄和多次循环的特点，是南方岩溶地区典型的岩溶地下河系统。

　　基地建有野外水文地质自动化监测站 51 处，其中水文地质钻孔 29 个，天然地表和地下水露头点 16 个，降雨量监测站 6 处；另外，基地建设有专门性野外水文地质试验场 7 处，包括降水、地表水、地下水及土壤水"四水"转化试验场 2 处，表层岩溶带及水文生态试验场 1 处，地下河探测试验场 1 处，地下河调蓄试验场 1 处，岩溶水微污染处理试验场 1 处，岩溶石山区水土资源优化配置试验场 1 处；另有主控室、室内水动力实验室、水污染处理实验室 3 栋 500m^2。近几年，主要开展了地下岩溶结构探测技术方法、地下水流动与水循环转化定量规律、岩溶地下水自动化监测技术、表层岩溶带特征及其对水资源的调蓄功能、岩溶水资源定量评价方法、岩溶石山区水土资源优化配置、岩溶地下水质演变与污染防治和岩溶地区地下水资源可持续利用模式等科学试验研究，揭示了人类活动和环境变化对地下水可持续利用能力的影响，为地下河水资源开发利用、水污染防治和生态环境综合整治提供了有利条件。

　　本书是依托该基地开展岩溶地下河系统水循环机理方面相关项目研究的成果，资助相关研究的项目主要有：中国地质调查项目"红水河上游岩溶流域 1∶50000 水文地质环境地质调查"（编号：DD20160300）、"南北盘江流域水文地质调查"（编号：DD20190342），原国土资源部公益性行业科研专项"典型岩溶地下河系统水循环机理监测与试验"（编号：201411100），中国地质科学院岩溶地质研究所基本科研业务费项目"多重岩溶含水介质水资源评价物理数学耦合模型研究"（编号：JYYWF20180402），广西自然科学基金项目"多重岩溶含水介质泉流量衰减机制研究"（编号：2018GXNSFAA294015），国家自然科学基金项目"多重岩溶含水介质地下河流量衰减过程实验研究"（编号：41807218），国家自然科学基金项目"岩溶含水介质管道-裂隙水流交换物理模拟试验研究"（编号：41902261），国家重点研发计划"岩溶石漠化区地下河水资源化及生态功能保护研究与示范"（编号：2017YFC0406104），地质调查工程"岩溶地区水文地质环境地质综合调查"（编号：5.9）和"珠江流域水文地质调查"（编号：0606），等等。

　　"海洋—寨底地下河系统野外研究试验基地"得到了自然资源部科技司、中国地质调查局总工室、水环部、装备部和科外部的高度重视，中国地质科学院岩溶地质研究所几任领导和各个部门管理与技术人员均到现场直接参加或指导了基地建设，前述资助项目的技术人员在基地开展了相关调查研究工作，岩溶资源室全体人员承担了基地监测试验和日常维护工作，以上相关人员众多，名单不一一列出，在此一并表示衷心感谢。

夏日元

2020 年 5 月

目　　录

第一章　海洋—寨底地下河系统概况

第一节　自然地理

一、地理位置

海洋—寨底地下河系统位于广西桂林市东部灵川县境内，距桂林市 31km。坐标是东经 110°31′25.71″～110°37′30″，北纬 25°13′26.08″～25°18′58.04″，流域面积为 33.5km²。桂林至兴安二级公路穿过海洋—寨底地下河系统研究区北部海洋乡政府所处的海洋谷地，寨底地下河出口位于南部二级公路边，研究区内，各自然村屯大部分可通行汽车，交通方便。海洋—寨底地下河系统交通位置图见图 1-1。区内以农业为主，享有"白果之乡"美称，有赤铁矿、方解石等矿藏（易连兴等，2015；赵良杰等，2016）。

二、气象水文

海洋—寨底地下河系统主要受海洋暖湿季风影响，雨量充沛。研究区年平均气温 17.5℃，无霜期 285d。降雨量在年内分配不均匀，年平均降雨量 1619mm，历年平均陆面蒸发量为 850.1mm。根据 1963～2016 年历史资料显示：5～8 月为丰水期，合计降雨量为 1024mm，占年平均降雨量 59.54%，3 月、4 月、9 月、10 月为平水期，合计降雨量为 443mm，占年平均降雨量 25.77%，11 月、12 月和次年 1 月、2 月为枯水期，合计降雨量为 252mm，占年平均降雨量 14.66%。

海洋—寨底地下河系统位于湘江、漓江流域分水岭的南侧，属于漓江流域支流牛溪河的地下河分支（图 1-2）。寨底地下河在寨底村黄土源流出地表后向南径流约 400m 后汇入牛溪河。牛溪河构成本级地下水系统的排泄基准面（夏日元等，2017；王喆等，2012）。

海洋—寨底地下河系统中季节性溪沟发育，主要有海洋谷地溪沟、大浮洼地溪沟、甘野洼地溪沟、国清谷地溪沟及南部潮田河，钓岩—琵琶塘谷底、水牛厄—东宪—冷水田—小浮—响水岩一线的波立谷及大浮、小浮源头—空连山村南地下河入口等地段形成流量较小且主要为季节性的地表小河（在水牛厄地下河出口下游约 1km 范围内出现流量很小的地表水流）。主要地表溪沟详见表 1-1。

三、遥感解译

遥感解译数据源为 WorldView-2 卫星数据，0.5m 空间分辨率，2013 年 11 月 6 日时相，3（R）/2（G）/1（B）彩色合成方式。WorldView-2 卫星数据具高空间分辨率的特点，通过总体观察遥感影像特征，观察各种直接判读标志在遥感影像上的反映；综合分析间接判读标志、已有的判读资料、统计资料；通过实地踏勘，可以将遥感影像中的主要地物类型大致分为乔木、灌木、草地、裸岩、农用地、人工建筑、高速公路、裸地、采石场道路 9 种。

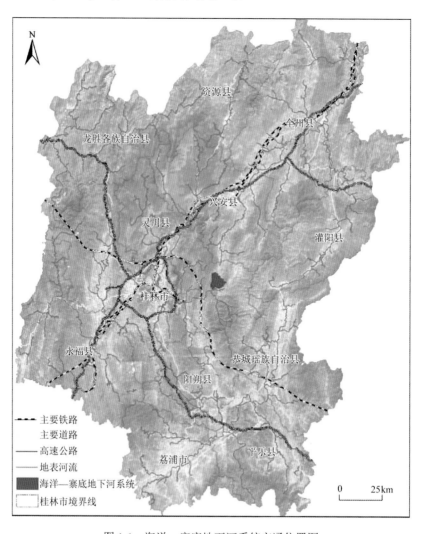

图 1-1　海洋—寨底地下河系统交通位置图

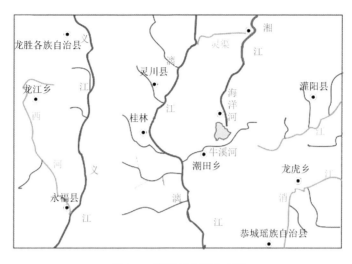

图 1-2　研究区水系分布图

表 1-1　主要地表溪沟特征表

序号	溪沟名称	发育方向	溪沟宽/m	图区长/km	直接补给来源	枯水期特征		洪水期
						上游段	下游段	
1	海洋谷地溪沟	近南北向	2～3	2.358	岩溶水为主，农灌水等为辅	干枯断流	常年性水流	下游洼地常被水淹
2	大浮洼地溪沟	近东西向	1.5～2.5	2.468	碎屑岩区地表水、地下水	有时断流	干枯断流	
3	甘野洼地溪沟	东西向	1.5～15	1.732	碎屑岩区地表水、地下水	常年性水流	干枯断流	
4	国清谷地溪沟	南东 150°转东西向	2.0～20	4.918	谷地周边泉及地下河	一般不断流	干枯断流	下游洼地常被水淹
5	南部潮田河	近东西向		15.258				

　　分析这 9 种地物类型在 WorldView-2 卫星数据中的波谱特征曲线，可以知道乔木和灌木，裸岩和裸地，以及人工建筑和采石场道路的波谱特征曲线类似，这就意味着不能直接通过它们的波谱信息将以上 9 种地物类型全部区分开来，需要项目组结合其他方法进行区分。通过分析可知，乔木、农用地、裸地、人工建筑、高速公路、采石场道路在 WorldView-2 卫星遥感影像中是易于区分的，同时这 6 种地物类型的面积也不大，而且分布范围比较集中，特别适合通过目视解译、人工描绘出来；对于灌木、草地和裸岩 3 种地物类型，尤其是草地和裸岩的分布比较零散，面积范围也较大，且 3 种地物类型的波谱特征曲线差异明显，非常适合利用基于专家知识的决策树分类法进行分类；因此经过综合考虑后，选择先对影

像中的乔木、农用地、裸地、人工建筑、高速公路、采石场道路 6 种地物类型进行目视解译，再对掩模掉前面 6 种地物类型后的影像中的灌木、草地、裸岩利用基于专家知识的决策树分类法进行分类；这样进行分类不仅效率较高，而且精度较高。表 1-2 是海洋—寨底地下河系统研究区中的地物类型及其面积、比例参数表（研究区内无高速公路和采石场道路）。图 1-3 为海洋—寨底地下河系统研究区地物分类图。

表 1-2　海洋—寨底地下河系统研究区中的地物类型及其面积、比例参数表

类型	面积/m²	比例/%
乔木	15 742 284	17.40
灌木	48 257 703	53.36
草地	1 309 036	1.45
裸岩	1 199 916	1.33
农用地	18 579 637	20.54
人工建筑	2 300 052	2.54
裸地	1 843 656	2.04
水系	1 212 232	1.34
总面积	90 444 516	100.00

植被覆盖百分率定义为植被（包括叶、茎、枝）在地面的垂直投影面积占统计区总面积的百分比，是衡量地表植被状况的一个最重要的指标，也是影响土壤侵蚀与水土流失的主要因子，对于区域环境变化和监测研究具有重要意义。随着遥感技术的发展，植被覆盖百分率测量由传统的地面测量发展到通过遥感数据估算，为大范围地区的植被覆盖百分率监测提供了可能。遥感测量植被覆盖百分率的方法分为三种：回归模型法、植被指数法与像元二分模型法。其中，回归模型法依赖于对特定区域的实测数据，在推广应用方面受到诸多限制；植被指数法建立的模型经验证后可以推广到大范围地区，形成通用的植被覆盖百分率计算方法，相对于回归模型法更具有普遍意义。像元二分模型是线性混合像元分解模型中最简单、应用最广泛的模型，假设像元只由植被与非植被覆盖地表两部分构成，光谱信息也只由这两个组分线性合成，它们各自的面积在像元中所占比率即为各因子的权重。像元二分模型形式简单，且具有一定物理意义，因而被广泛应用于植被覆盖百分率的估算。

选取 1991 年（TM）、1994 年（TM）、2000 年（ETM+）、2001 年（ETM+）及 2002 年（EMT+）5 个时期的数据，以海洋—寨底地下河系统作为研究区域，利用基于归一化植被指数（normalized differential vegetation index，NDVI）的像元二分模型来估算不同时相的植被覆盖百分率，并根据历年植被覆盖百分率的变化情况来分析研究区的环境变化情况。

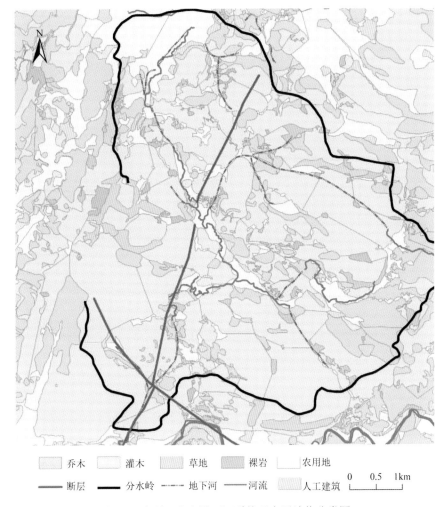

| 乔木 | 灌木 | 草地 | 裸岩 | 农用地 |

| 断层 | 分水岭 | 地下河 | 河流 | 人工建筑 |

0 0.5 1km

图 1-3 海洋—寨底地下河系统研究区地物分类图

NDVI 是一种反映土地覆盖植被状况的指标，利用植被在近红外波段高反射和在红波段高吸收的特点，经过某种变换，增强植被信号，削弱噪声，定义为近红外波段的反射值与红波段的反射值之差比上两者之和。NDVI 是目前使用最为广泛的植被指数，它是反映植被生长状态及植被覆盖百分率的最佳指示因子。根据像元二分模型，一个像元的 NDVI 值可以表达为由植被覆盖部分的信息与由土壤部分覆盖的信息组成，因此可以利用 NDVI 值来估算植被覆盖百分率。

根据 NDVI 值，可算出每一个像素内的植被覆盖百分率，但工作量太大，因此直接采用研究区的平均 NDVI 值来算出整个研究区的平均植被覆盖百分率。又因为植被覆盖和石漠化是相对而言的，所以也可以利用 NDVI 来计算石漠化程度。利用像元二分模型，得到植被覆盖百分率与岩溶石漠化相关关系见表 1-3。

表 1-3　植被覆盖百分率与岩溶石漠化相关关系

石漠化程度	植被覆盖百分率	岩石裸露率	生态环境
无石漠化	>70%	≤10%	乔灌草植被、土层厚
潜在石漠化	>50%～70%	>10%～30%	灌乔草植被、土层薄
轻度石漠化	>30%～50%	>30%～50%	乔草＋灌草、土不连续分布
中度石漠化	>10%～30%	>50%～70%	疏草＋疏灌、土散布
重度石漠化	≤10%	>70%	疏草、土零星分布

本书采用了 1991 年和 1994 年 TM 数据，空间分辨率为 78m；2000～2002 年的 ETM＋数据经过 Landsat8 波段的融合后，空间分辨率为 15m。

通过 ENVI 的决策树分析功能，根据表 1-3 的植被覆盖百分率与岩溶石漠化相关关系建立一个决策树，对历年石漠化进行直观显示。将岩石裸露率按表 1-3 所示的范围将石漠化程度分为重度石漠化、中度石漠化、轻度石漠化、潜在石漠化和无石漠化 5 个等级。历年海洋—寨底岩溶石漠化程度所占比例如表 1-4 所示。

图 1-4～图 1-8 分别显示了 1991 年、1994 年、2000 年、2001 年、2002 年这 5 年的海洋—寨底岩溶石漠化程度的变化情况。图中白色为无石漠化区域，绿色为潜在石漠化，蓝色为轻度石漠化，红色为中度石漠化，海洋—寨底地下河系统内无重度石漠化。经过 5 年的图像对比显示发现，1991～2002 年，石漠化区域总体是逐渐增加，尤其潜在石漠化向轻度石漠化转变比较明显。中度石漠化逐渐减少，向轻度石漠化转变。

表 1-4　历年海洋—寨底岩溶石漠化程度所占比例　　　（单位：%）

年份	无石漠化	潜在石漠化	轻度石漠化	中度石漠化
1991	57.243 1	41.717 1	1.038 1	0.001 7
1994	88.050 9	11.602 8	0.327 8	0.018 5
2000	10.683 5	69.643 1	18.294 9	1.378 5
2001	1.227 7	79.790 7	18.292 3	0.689 3
2002	0	28.798 9	71.198 6	0.002 5

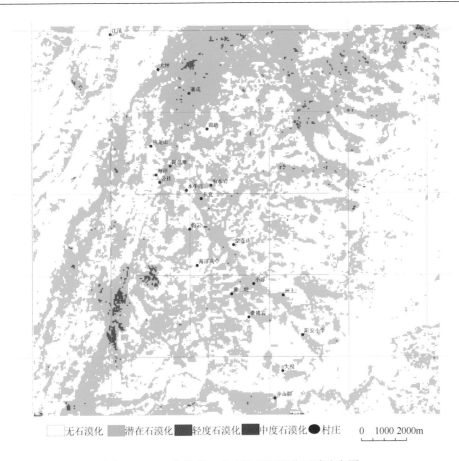

图 1-4　1991 年海洋—寨底岩溶石漠化区域分布图

四、地貌类型

研究区地貌发育主要受构造和地层岩性控制，具有 4 种地貌类型。

1. 侵蚀构造低山

东部侵蚀构造低山主要指大江、甘野和大浮以东碎屑岩区，海拔 400～900m，呈东高西低。甘野东侧约 1.60km 处为最高点，海拔为 900m，甘野洼地海拔为 530m，地形高差 370.1m，大浮洼地为碎屑岩分布区地形最低点，海拔约为 400m；分水岭高程从北东至南西逐步降低，大浮南东为碎屑岩最低地表分水岭，海拔为 654.4mm。该地形坡度 10°～25°。西部侵蚀构造低山，指江尾、海洋公社以西碎屑岩区，海拔 290～699m，呈西高东低。最高点山峰位于图区西北角，海拔为 699m，江尾至海洋公社公路沿线海拔为 290～310m，地形坡度 11°～19°。

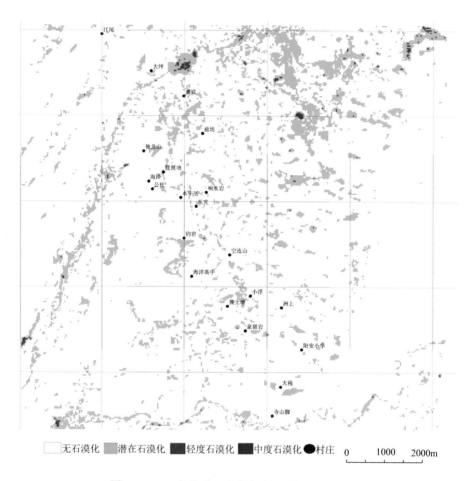

图 1-5　1994 年海洋—寨底岩溶石漠化区域分布图

2. 侵蚀溶蚀低丘

侵蚀溶蚀低丘指江尾至海洋公路沿线东侧地区，该区域地层岩性杂，存在碳酸盐岩和非碳酸盐岩互层，或为不纯碳酸盐岩，地形多呈低矮馒头状，海拔 260～445m，大体呈中间高东西两侧低；北部区域地形坡度多小于 15°，南部区域地形坡度逐步变大为 12°～23°。

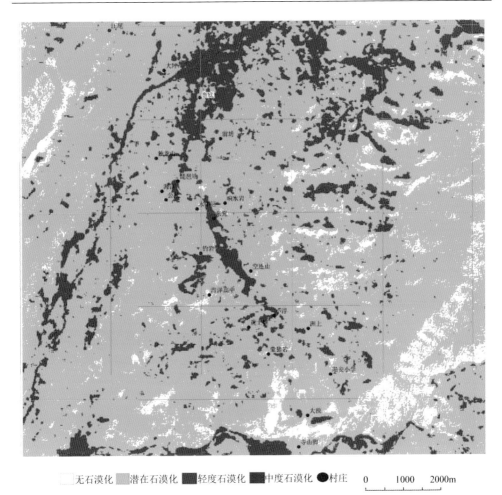

无石漠化　潜在石漠化　轻度石漠化　中度石漠化　●村庄　　　0　　1000　　2000m

图 1-6　2000 年海洋—寨底岩溶石漠化区域分布图

3. 孤峰谷地

主要分布于图区北部海洋谷地，该区域地形平坦，地形坡度小，海拔 300～330m，局部发育有缓丘和孤峰，孤峰海拔 390～450m，相对高差 80～110m。在海洋公社—小桐木湾一带，存在局部地表分水岭，分水岭以北地表—地下水向北径流，属湘江流域；分水岭以南地表—地下水向南径流，为漓江流域。

4. 峰丛洼地

研究区大部分区域属于峰丛洼地，海拔 260～820m，国清洼地南端响水岩为地形最低点，最高峰位于甘野西侧 300m 处，锡崖头海拔为 820m，国清洼地东侧峰丛洼地区地形总体上比西侧地形略高。除国清洼地外，其间在不同高程发育多个大小不等洼地。具有一定规模的洼地有：甘野洼地，高程 530～560m；大浮洼地，高程 330～380m；大税洼地，高程 377～390m；小税洼地，高程 400～450m；毫猪岩洼地，高程 311～350m；大坪洼地，高程 244～250m。该区域地形坡度差异大，国清谷地内，从北至南地形坡度小于 1°，国清谷地东西两侧峰丛洼地区地形坡度大于 8°。地貌类型分区图如图 1-9 所示，国清洼地北端水牛厄一带峰丛洼地地形如图 1-10 所示，海洋谷地孤峰平原和远处峰丛洼地如图 1-11 所示。

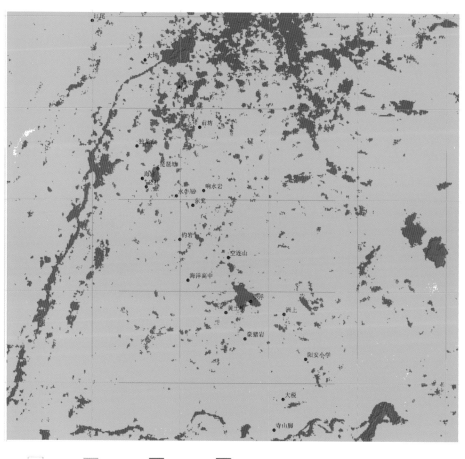

无石漠化　潜在石漠化　轻度石漠化　中度石漠化　●村庄　　0　1000　2000m

图 1-7　2001 年海洋—寨底岩溶石漠化区域分布图

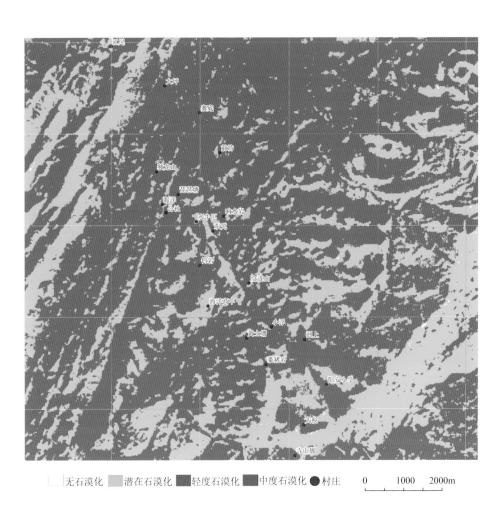

| 无石漠化 | 潜在石漠化 | 轻度石漠化 | 中度石漠化 | ●村庄 | 0 1000 2000m |

图 1-8　2002 年海洋—寨底岩溶石漠化区域分布图

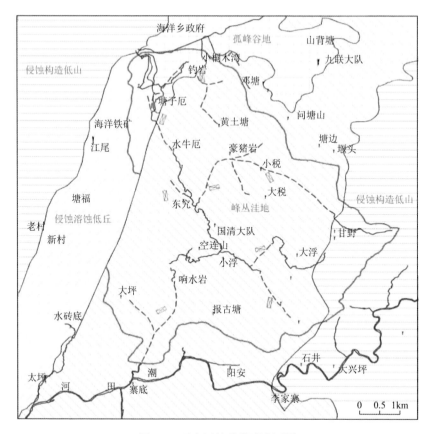

图 1-9　研究区地貌类型分区图

图 1-10　国清洼地北端水牛厄一带峰丛洼地地形　图 1-11　海洋谷地孤峰平原和远处峰丛洼地

第二节　地　质　背　景

一、地层岩性

海洋—寨底地下河系统内地层主要包括泥盆系中泥盆统信都组（D_2x）、塘家湾组（D_2t）、东岗岭组（D_2d），泥盆系上泥盆统桂林组（D_3g）、东村组（D_3d）、额头村组（D_3e），石炭系下石炭统尧云岭组（C_1y）、英塘组（C_1yt），以及第四系（Q），出露的主要地层见表1-5。

表 1-5　主要地层一览表

界	系	统	组	段	代号	厚度/m	主要岩性
古生界	泥盆系	中泥盆统	信都组	上段	D_2x^2	61～78	紫红色—杂色泥质粉砂岩、石英砂岩为主，夹页岩
				下段	D_2x^1	96～269	底部为泥质粉砂岩，中部为砂岩或石英岩状砂岩，上部为含铁砂岩
			塘家湾组		D_2t	36～716	底部为中—薄层泥质疙瘩状灰岩，中下部为白云岩，中部—上部为白云岩与灰岩（或白云质灰岩）互层
			东岗岭组		D_2d	43～89	中下部为白云岩、灰质白云岩夹灰岩，上部为灰岩及灰岩与白云岩互层
		上泥盆统	桂林组		D_3g	257～263	下部灰岩夹白云质灰岩，中部白云岩，中上部为灰岩，上部为白云质灰岩及白云岩
			东村组		D_3d	504	中、下部均以厚层状灰岩为主，顶部为中厚层泥质条带灰岩
			额头村组		D_3e	52～62	底部、上部均以厚层状白云质灰岩，中部为厚层状层灰岩
	石炭系	下石炭统	尧云岭组		C_1y	36～60	泥质灰岩，局部夹硅质结核条带灰岩
			英塘组		C_1yt	93～227	白云岩为主，夹灰岩
新生界	第四系				Q_4	0.0～15	粉质黏土

（一）泥盆系中泥盆统（D_2）

1. 信都组（D_2x）

信都组上段（D_2x^2），分布于图区西北角地区、东及东南地区，在海洋—寨底地下河系统东部甘野—大浮一带出露，合计出露面积 16.366km^2，为一套浅海相到滨海相的碎屑岩，砖红、紫红、紫灰—浅灰色中至厚层状石英砂岩、石英杂砂岩夹中至薄层泥岩、粉砂质泥岩及泥质粉砂岩。中部含赤铁矿层或含铁砂岩，底部以厚层—巨厚层石英砂岩或石英岩状砂岩为标志与下段泥质岩为界。在图区东侧，从大江村—甘野简易公路两侧可见岩层单层厚度12~65cm，其中单层岩层厚度多为20~30cm。

信都组下段（D_2x^1），分布于图区东、东南部及西北角一带，合计出露面积11.765km²；在海洋—寨底地下河系统内仅东部有小面积出露，为一套浅海相到滨海相的碎屑岩。主要岩性为砖红、紫红、紫灰色中至厚层泥质粉砂岩、粉砂质泥岩、中—薄层泥岩、页岩夹泥质砂岩、石英杂砂岩，厚85~105m。

2. 塘家湾组（D_2t）

分布于图区东部，从南至东北角贯穿整个图区，出露面积11.470km²。该地层为浅海相碳酸盐岩，富含生物化石，总厚度82~500m。底部与信都组（D_2x）接触带为深灰色中—薄层泥质砾屑灰岩，中下部为深灰色中至厚层白云岩为主，夹中至厚层灰岩，中部为厚层块状白云岩，中—上部为深灰色中—厚层灰岩夹白云岩、白云质灰岩，顶部以厚层—块状白云岩为标志与上覆桂林组、融县组分界。

3. 东岗岭组（D_2d）

分布于图区西侧，出露面积2.147km²。主要由灰—深灰色中至薄层疙瘩状泥质灰岩、泥灰岩，以及生物或生物屑灰岩夹钙质泥岩组成；下部为泥质疙瘩状灰岩、泥灰岩与信都组顶部泥（页）岩分界，上以灰岩、泥灰岩与榴江组硅质岩分界。厚度43~89m。

（二）泥盆系上泥盆统（D_3）

1. 桂林组（D_3g）

分布于图区中部偏东一侧，出露面积8.240km²。岩石颜色从灰白、浅灰、灰、深灰、灰黑色均有发育，以浅灰色—灰白色为主，中—厚层状灰岩、白云岩，偶夹钙质页岩；底部以深灰色中层纹层状灰岩与塘家湾组分界，顶部以深灰色中—厚层豹斑状灰质白云岩与东村组分界，厚352~435m。

2. 东村组（D_3d）

分布于图区中部，寨底地下河出口、东窎地下河出口、水牛厄泉等大型地下水排泄点均发育于该地层，南部和北部地层界线均与第四系（Q）松散层接触，该地层出露面积最大，为21.943km²。该岩层组以中—厚层状浅灰—灰白色灰岩、白云质灰岩、白云岩为主，底部以浅灰色鲕粒亮晶灰岩与桂林组豹斑状灰质白云岩分界，顶部以灰白色厚层砂屑灰岩、白云岩与额头村组灰色中层粒屑灰岩分界，总厚764m。

3. 额头村组（D_3e）

分布于图区中部偏西一侧，出露面积5.021km²。浅灰—灰白色局部深灰色中厚层状灰岩夹泥质灰岩、生物屑灰岩、微晶砂屑灰岩。底部以粒屑灰岩的消失或含生物屑灰岩的出现与东村组分界，顶部以中厚层生物屑灰岩的消失或薄层生物屑灰岩的出现与尧云岭组分界，厚104～243m。

（三）石炭系下石炭统（C_1）

1. 尧云岭组（C_1y）

分布于图区西侧，出露面积0.939km²。下伏额头村组，上覆英塘组，整合接触；岩性为灰—深灰色中厚层灰岩、含泥质灰岩、生物屑灰岩，含硅质团块。底部以深灰色中厚层疙瘩状泥质灰岩的消失或薄层灰岩、泥质条带灰岩的出现与额头村组分界，顶部以泥质灰岩、生物屑灰岩的消失或砂、页岩的出现与英塘组分界，厚42～130m。

2. 英塘组（C_1yt）

分布于图区西侧，出露面积0.316km²。下与尧云岭组整合接触，岩性由灰—灰黑色泥岩、砂岩、泥灰岩、泥质灰岩、燧石灰岩等组成，底部以砂页岩的出现或泥质灰岩的消失与尧云岭组分界，厚40～142m。

（四）第四系（Q）

在图区北部海洋谷地和南部潮田河两岸有分布，合计分布面积为7.764km²。海洋谷地第四系分布面积5.438km²；海洋乡西侧及附近一带小土丘，多为碎屑岩风化残积物，松散层中多见风化残积碎屑岩块，部分还保留原岩层产状形态；在谷地中央平原区，经钻孔和人工开挖基坑揭露，中上部以褐黄色含砾粉质黏土为主，砾石成分杂，有砂岩及灰岩，局部可见漂石，砾径一般小于 3.0m；底部为褐黄色及深褐色黏土，与灰岩接触为深灰色—灰黑色淤泥；4 个钻孔揭露第四系厚度小于 15m。南部潮田河两岸第四系分布面积 2.326km²，土层具多元结构，除含砾粉质黏土和黏土层外，多含有卵石层，可见大型漂石，卵砾石和漂石岩性主要为砂岩，该区域第四系厚度不明。除上述分布区外，第四系（Q）地层在国清坡立谷、甘野—大浮洼地、大坪洼地等还有零星分布，由于其厚度和连续分布面积小，不进行单独划分。研究区地层分布如图 1-12 所示。

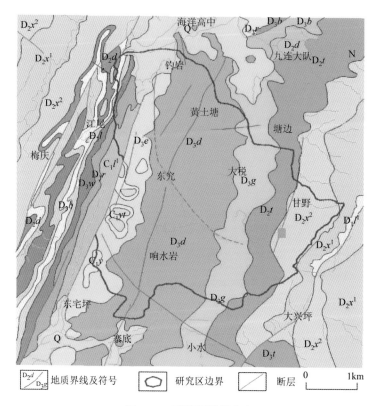

图 1-12　研究区地层分布

二、构造特征

（一）区域构造

　　该区自古生代以来历经了广西运动、印支运动、燕山运动及喜马拉雅运动，其中以早古生代末广西运动最为强烈，形成基底岩系的褶皱和变质岩。中生代期间，印支运动盖层褶皱平缓，形成南北向弧形构造。燕山期华夏系构造发育的北西向断裂构成先后复合叠加改造。但未发现第四纪以来的断层或与之有关的继承性断裂活动，挽近构造主要呈现为缓慢的上升运动。研究区位于南岭纬向构造带、湘东—桂东经向构造带及广西山字形构造东翼的交汇处；根据构造形迹及组合关系，可划分为 4 个构造带。

①桂林弧形构造带，为区内的主要构造骨架，形成南北向的所谓桂林复式向斜，并伴生有翼系列断裂。主要褶皱有架桥岭—黄村背斜、桂林—二塘向斜、尧山背斜、灵田—大圩—葡萄向斜、杨堤背斜、海洋—潮田—兴坪—福利向斜、金宝背斜及老厂背斜等。主要断裂有雁山—高田断裂、大圩—白沙断裂、杨堤—阳朔与兴坪—福利断裂组、南圩—沙子断裂及大境—南圩断裂。②东西向构造带，因受桂林弧形构造的作用，一般规模较小，主要形迹有老人山背斜、黑山向斜、马面向斜和红岩岭背斜。③广西山子形构造带，主要形迹有海洋山复背斜、沙子—普益向斜。④北西向构造带，形迹多属于压扭性断裂，主要有旺塘—南圩断裂、西塘断裂、草坪—螳螂断裂及马鞍山—合包山断裂。研究区具体位于桂林弧形构造海洋—潮田—兴坪—福利向斜北端，大部分面积位于其东翼一侧至大境—南圩断裂之间。区域构造纲要图如图 1-13 所示。

海洋—寨底地下河系统位于桂林弧形构造潮田—兴坪—福利向斜北端东翼一侧至大境—南圩断裂之间。区内断裂受上述构造控制，相应形成北东、北西和近东西向三组断裂。3 组裂隙强发育：东西向 SW260°～NW280°、北东向 NE15°～NE30°、北西向 NW330°～NW350°；后两者隙宽相对较大，隙宽在 1cm 至 10 多厘米。

（二）断层

海洋—寨底地下河系统内除位于潮田—海洋向斜北西翼的小面积范围（琵琶塘西部一带）外，总体表现为单斜构造，区内底层总体呈 NNE—SSW 走向，倾向 NWW，倾角一般为 15°～30°。区内发育多条断层，多呈 NNE—SSW 走向，与地层走向略有斜交。在报古塘—大坪有 1 条 NW 向断层，在甘野推测有 1 条 NW 向断层。该区构造属于新华夏系构造体系，NNE 向断层总体表现为压扭性平移性质，从地层分布看明显表现出东盘相对北移，西盘相对南移。沿此方向断层可断续出现宽度达 5～40m 的方解石矿脉。此方向断层一般不具导水性，只在寨底地下河出口附近具明显导水和控水作用。2 条 NW 向断层在区内表现出一定的导水性，尤其以大坪断层较明显。研究区断层分布如图 1-14 所示，各断层主要特征见表 1-6。

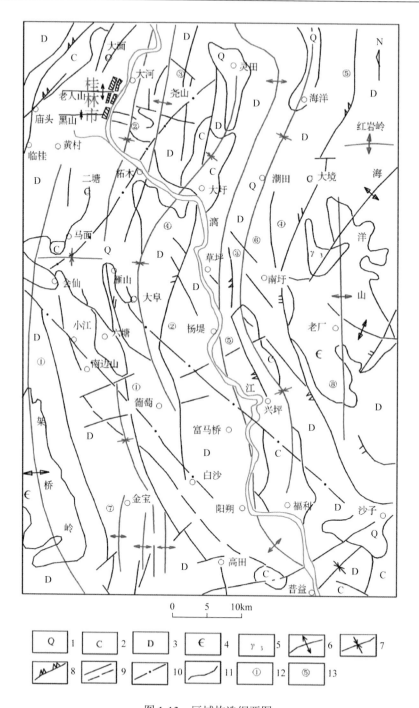

图 1-13　区域构造纲要图

1.第四系；2.石炭系；3.泥盆系；4.寒武系；5.加里东花岗岩体；6.背斜轴；7.向斜轴；8.压扭性断裂；9.性质不明及推测断裂；10.航片解释线性构造性质不明断裂；11.地层界线；12.向背斜编号；13.主要断裂编号

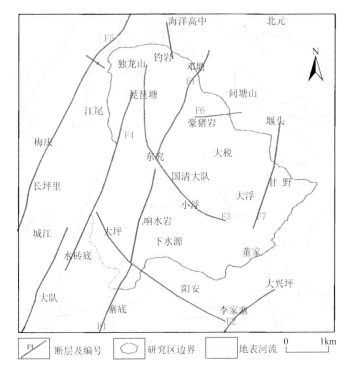

图 1-14 研究区断层分布

表 1-6 各断层主要特征

断层编号	位置	主要特征及其他
F1	寨底—东宄—邓塘	走向 NE—SW 向。在寨底地下河出口附近岩体破碎。在东宄 NE 和村南、豪猪岩村西 500m 及其至黄土塘路边多处有方解石矿脉。在东宄 NE 方解石矿可明显见断层面（倾向 SE，倾角 73°～80°）。该断层北部为压扭性断层。总体阻水，只在寨底地下河出口附近表现出张性导水特征。区内可见长度约 9.5km
F2	阳安	走向 NE—SW 向。文章村东一带可见规模较小方解石矿脉。区内可见长度约 0.5km
F3	独龙山—小浮	走向 NE—SW 向。在钓岩 SE 700m 路边，有方解石矿脉。压扭性断层。区内可见长度约 1.8km
F4	水砖底—琵琶塘	走向 NE—SW 向，大倾角，在水砖底 SE 300m 山坡上、大坪 NW 700m、东宄 NW 约 1000m、琵琶塘村东、凤凰坪村东山坡等地有方解石矿脉，在水牛厄村西 100 处有挤压破碎带。在大坪 NW 700m 处断层面倾向 NW，倾角 80°，并有沿溶蚀裂隙发育的溶洞，可消水；东宄 NW 约 1000m 倾向 SE，倾角 73°。该断层压扭性明显。区内可见长度约 6km
F5	报古塘—大坪江尾—长坪里 1km 处	走向 NW—SE 向。在报古塘 NW 约 500m（去大坪路上）一带可见多处断层角砾岩，地形为谷地。为张扭性断层，可见长度约 0.75km 以上。结合地形等分析，估计该断层可能穿过 F1 断层进入大坪洼地。其形成时代应晚于 F1 断层
F6	豪猪岩—问塘山	走向 NE—SW 向。在野猪塘洼地北侧边缘、小浮源头洼地、大浮村西 500m 路边等地可见方解石矿脉，压扭性断层。区内可见长度约 1.5km
F7	甘野	该断层为推测断层，走向 NW—SE 向。其主要依据为地形上为谷地，北侧地层和南侧地层明显错位（北盘西移）。结合区域应力场分析，该断层性质同 F6 断层

第三节　岩溶发育特征

海洋—寨底地下河系统内岩溶发育强烈，地下河、溶洞、落水洞、地下河天窗、洼地分布众多。该区岩溶之所以如此发育，是因为该区质纯层厚的碳酸盐岩广泛分布，加之构造条件及湿润多雨的气候条件等因素综合作用（韩行瑞，2015；卢海平等，2012）。

在海洋—寨底地下河系统之内，稍大的溶蚀洼地（含坡立谷）多达 25 处以上，洼地底部高程一般在 230～250m、360～460m、420～550m，洼地相对深度一般为20～50m。在系统内部无溶蚀谷地发育。在野猪塘洼地东南侧、支岭塘洼地南侧、东究村南、豪猪岩等 300～500m 山坡上可见多处无水溶洞，但限于山体规模，溶洞长度不大，一般几十米到二三百米。地下河管道系统多呈树枝状分布，地下河网发育密度 0.62km/km^2。在响水岩洼地沿地下河主管道在长约 500m 的长度上，形成 8 个岩溶天窗，并在周围形成多处落水洞。在这些天窗中以响水岩村北的一个为最大，其地下河底部至地表路边的垂直深度为 19m。在该天窗底部可见沿NNE15°方向发育的裂隙，其倾向 SEE，倾角 60°～80°。在天窗两侧沿这两条裂隙发育成地下河溶蚀管道（袁道先等，2002；Zhao et al.，2018）。

海洋—寨底地下河系统的现代河网，系由地下河网长期演变形成。早期洞穴型地下河，位于上游峰丛鞍部附近，于溶洞中残留有砂岩、砾岩，可能是地壳抬升结果。中期发育的水平溶洞，位于现代地下河网的下游。随着水流侵蚀的长期作用，排泄基面逐渐下移，地下水的垂向侵蚀溶蚀作用相应加强，河道侵蚀溶蚀下切呈阶梯状跌坎。晚期进入相对稳定阶段，水平溶蚀作用加强，并不断扩大溶蚀空间，形成河道与溶潭串联。根据中英联合探险队对海洋—寨底地下河的探测资料，地下河主干河道宽 10～20m，高 0.5～5m，长约 300m，河床比降 1.5%～5%。主干河道上发育有边滩、溶潭、支沟并有大量卵石堆积，与地表河相似。海洋—寨底地下河系统槽形图见图 1-15。

一、岩溶含水介质分布的不均匀性

岩溶含水介质水平分布的不均匀性表现为四类：单一管道型、裂隙羽毛型、网格型及树枝型（图 1-16）。

单一管道型是指管道沿压性断裂两侧或顺层发育，常位于岩溶含水层与隔水边界毗邻（可溶性差别相差较大）的地带，支管道不发育，地质构造较为简单，多见于河谷斜坡地带。裂隙羽毛型是指主管道沿主干断裂或阻水岩层旁侧发育，沿分支断裂或羽状裂隙发育支管道，位于上管道的一侧；在断裂交汇处常见落水

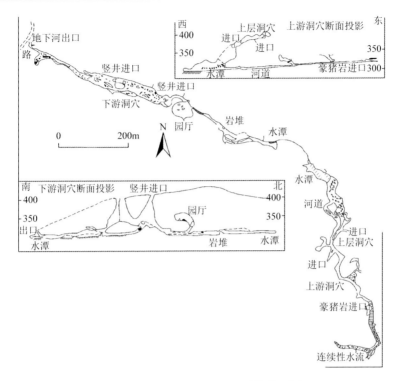

图 1-15　海洋—寨底地下河系统槽形图

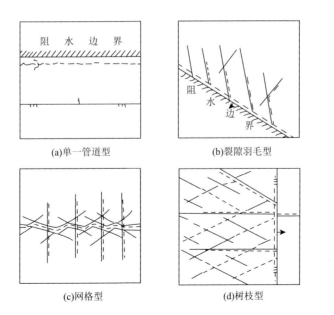

图 1-16　岩溶含水介质水平分布的不均匀性
（据《水城幅 G-48-（15）　1/20 万水文地质调查报告》修改）

洞或天窗，一般地层倾角较平缓，地貌多属峰丛洼地型，洼地呈串珠状沿断裂发育。网格型是指主管道沿张性裂隙或纵张断裂发育，支管道沿与其直交的次级断裂裂隙发育，位于主管道的两侧；在断裂交汇处常见落水洞或天窗；多见于新构造运动强烈地段，沿早期压扭性断层发育张裂谷，裂谷呈追踪形态，次级张或扭断裂与张裂谷近于直交，地层倾角多较平缓，地貌属岩溶断陷谷地型或峰丛洼地。树枝型是指地下河管道沿错综复杂的导水断裂发育，在地下河自补给区向排泄区运动过程中，逐渐向最有利的导水空间汇集，而呈收敛的形态。在断裂交汇处可见深邃的洼地、塌陷及落水洞天窗等形态。多见于构造体系间的复合交接部位，早期破裂结构面常有被后期改造利用的特征，构造较复杂。另一种情况是在缓倾斜岩层中，断裂裂隙系统呈 X 或 Y 形交切。该类地貌复杂，见于多种组合形态之中。

　　岩溶含水介质垂向分布也存在不均匀性，由于各岩溶岩层组的岩性、结构、成分及构造差异，导致管道和裂隙介质在垂直剖面上表现出强烈的非均质性，可分为孤立岩溶管道型、网状基岩裂隙型和间互状管道裂隙型（图 1-17）。岩溶含水介质水平分布的不均匀性给地下水开发利用和勘察带来困难，而垂向分布的不均匀性给水利工程和矿床开采带来灾害，是岩溶含水系统水资源评价的难点（覃小群，2007）。

　　袁道先等（1988）将岩溶含水介质水流状态按不均匀性划分为三种类型：极不均匀的管道流、不均匀的裂隙流和相对均匀的孔隙流。三种水流状态与构造形态、地形地貌、岩组类型及补、径、排的水文地质条件有关。极不均匀的管道流是指单一溶洞或直径较大（100mm 以上）岩溶管道，为典型的孤立管道流，是集中溶蚀的结果，水流以紊流为主；不均匀的裂隙流是指岩溶管道直径中等（1～100mm），有一定程度的向外延伸，接纳支流，在一定范围内有统一的地下水面，

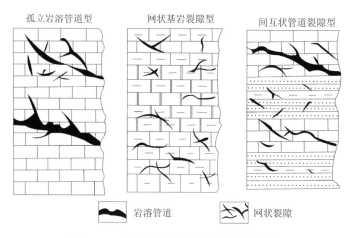

图 1-17　岩溶含水介质垂向分布不均匀性

水流以紊流为主，兼有层流；相对均匀的孔隙流是指较小直径岩溶管道（0.01～1mm）呈网状发育，主、支管道叉更迭，有统一的地下水位，水力联系的各向异性减小，水力坡降小，流速小，地下水以层流为主，间有紊流。

二、岩溶含水层垂直分带

岩溶水以各种分布不均匀的岩溶空间（溶隙、溶蚀裂隙、竖井、溶潭、溶洞、地下湖、地下河等）为其储存和运移空间，使岩溶水文系统的内部结构表现出强烈非均质性。岩溶发育程度的差异会造成降水对岩溶含水介质入渗补给的很大差异，同一地区的垂向剖面也存在不均匀性。王大纯等（1980）将岩溶水在垂向上划分为 4 个水动力带，没有考虑表层岩溶带；Ford 等（2007）根据岩溶水动力条件在垂向上划分 6 个水动力带；本书认为浅饱水带和压力饱水带可合称为水平渗流带。因此根据岩溶含水介质形态特征及水动力条件和变化规律，将岩溶含水层划分为 5 个水动力带：表层岩溶带、包气带、季节交替带、饱水带、深部缓流带（图 1-18）。

为了区分岩溶水动力带的包气带中上部相对含水比较丰富的部分，Mangin 于 20 世纪 70 年代首次将表层岩溶带引入岩溶水文地质学，表层岩溶带是由于强烈的岩溶化过程，在表层碳酸盐岩形成各种犬牙交错的岩溶个体形态和微型态组合构成不规则带状的强岩溶化层（蒋忠诚等，2001）。表层岩溶带主要储存地表强岩溶化的溶隙及溶孔中的岩溶水，其下界面是溶蚀相对微弱的可溶岩面，厚度一般为 5～30m。表层岩溶带对岩溶水的调蓄作用主要表现在水流过程和入渗补给量调蓄两个方面，并且表层岩溶泉是山区人畜饮水和分散农田灌溉的重要水源。

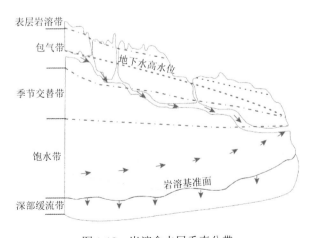

图 1-18　岩溶含水层垂直分带

包气带即垂直下渗带,丰水期区域地下水位以上的地带,主要是垂直下渗重力水,岩溶介质多为溶隙、落水洞和竖井等。包气带通过竖井、天窗和溶蚀通道与地表的洼地、落水洞连接将大气降雨引入地下,此带水流在时空方面是不连续的,不具备供水意义。

季节交替带即地下水高水位与低水位之间的地段,地下水流动方向随季节变化,枯水期时成包气带,水流以垂直下渗为主,丰水期为饱水带,水流以水平运动为主。因此期交替带的主要特征为既有垂直岩溶形态,又有水平的岩溶形态,厚度取决于岩溶水的变化幅度,岩溶石山地区厚度可达几十米,供水井在季节交替带只能获得季节性水源。

饱水带即水平渗流带,大部分水平溶洞和管道发育在这一带中,是枯水期地下水位以下,当地河流排泄基准面以上的含水层,地下水流集中,水量大,在我国南方的湿热气候条件下,常发育地下河系统,成为水平循环带中的集中径流区。多数大的溶缝、地下河、充水溶洞及深潭也多发育在饱水带。

深部缓流带是指饱水带以下,地下水运动已不受当地侵蚀基准面的控制,主要受地质构造条件影响,在一定水头压力下向远方缓慢运动的岩溶水带,参与区域性水循环,交替作用缓慢,岩溶形态以细小的溶隙和溶孔为主,并且越向深部岩溶发育越差,直至消失(章程,2000)。

三、岩溶水运动概念模型

岩溶含水层同时存在管道流和裂隙流两种地下水流,管道流导水性好而储水量小,裂隙流导水性差而储水量大,因此岩溶水运动有管道流与裂隙流并存、层流与紊流同在、明流暗流相间、线性流与非线性流并存、连续水流与孤立水体并存等水流规律。因此造成岩溶含水的补给、径流及排泄条件的差异,岩溶水运动特征受控于地质构造、地表岩溶形态、地表水系及岩溶落水洞、天窗空间组合关系,现根据岩溶水运动特征及构造条件构建岩溶水运动概念模型(姜光辉,2016;蒋忠诚等,1999)。

1. 向斜谷地岩溶水运动概念模型

封闭条件及构造形态保存完好的向斜谷地,核部有碎屑岩覆盖,接受大气降水面状补给。地表岩溶不发育,地形封闭,覆盖层较厚,横向沟谷发育,核部常发育岩溶管道。大气降水通过溶隙、落水洞(点状补给)、小型裂隙渗入(面状补给)地下,由于两侧均有弱透水层阻隔,地下水沿层面做顺层流动并向轴部管道裂隙汇流,轴部山脚处常发育岩溶泉。地下水流的方向主要受地形控制,补给区水流分散,多发育非均一性的垂向溶隙裂隙;径流带以横向流动为主,且为承压流，多形成层状溶蚀带，排泄区水量集中，形成连通较好的网络状岩溶。岩溶地下水与孔隙地下水及地表水间存在复杂的补排关系。向斜谷地岩溶水运动概念模型如图 1-19 所示。

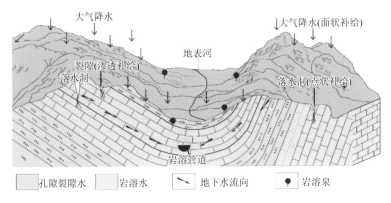

图 1-19　向斜谷地岩溶水运动概念模型

2. 单斜峡谷岩溶水运动概念模型

地形上表现为强烈深切，地下水补给面积大，径流途径长，地下水埋藏较深，出口流量大。岩溶管道介质相当发育，上游有串珠状的落水洞、地下河天窗、竖井等垂直岩溶形态，集中补给岩溶地下河。地下水流向受地层倾向控制，径流过程中地下水的水力坡度从补给区到排泄区逐渐降低，水力坡度变化反映了岩溶含水层介质对地下水阻力的大小，补给区岩溶相对不发育，水力坡度大，而排泄区岩溶相对发育，水力坡度小。单斜峡谷岩溶水运动概念模型如图 1-20 所示。

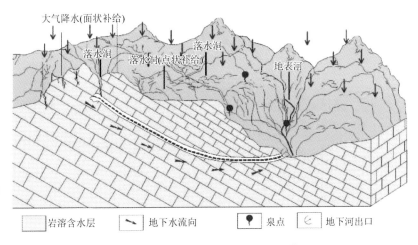

图 1-20　单斜峡谷岩溶水运动概念模型

3. 背斜山地岩溶水运动概念模型

背斜构造岩溶含水层分布很广，往往形成地表水和岩溶地下水分水岭，并形成特殊的水流运动特征，岩溶地下水多具有羽状水动力特征，主径流带沿山麓顺山体发育，多为岩溶管道，由于强烈的褶皱作用和层间滑动，层间裂隙发育并多被溶蚀扩大，基岩裂隙发育。主径流通道汇集外源水及山体岩溶地下水补给，直接与山顶落水洞、竖井和天窗相连，接受大气降水的补给，同时也接收挂管道周围岩溶裂隙水补给。由于地形抬高，有时形成虹吸管道系统。背斜山地岩溶水运动概念模型可认为是两个相对的单斜峡谷水运动概念模型，如图 1-21 所示。

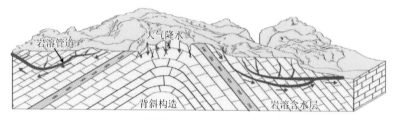

图 1-21　背斜山地岩溶水运动概念模型

4. 复杂结构岩溶水运动概念模型

盆地外围山区以峰丛洼地、溶丘谷地等地貌形态为主，主要为覆盖和埋藏型岩溶区，强烈的断裂构造使岩溶地下水运动、溶蚀非常复杂，补给区岩溶发育不均一，导储水空间以岩溶管道介质为主，发育表层岩溶泉、高位地下河等，周边斜坡区为岩溶径流区，发育地下水主径流带，含水介质具有管道和基岩裂隙双重性质。复杂结构岩溶水运动概念模型如图 1-22 所示。

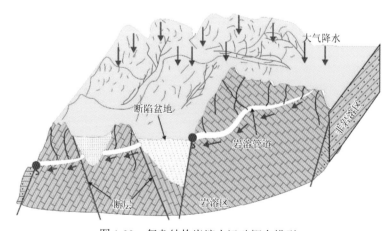

图 1-22　复杂结构岩溶水运动概念模型

第四节　水文地质条件

一、地下水类型

海洋—寨底地下河系统根据岩性或含水介质特征,地下水可划分为 3 种类型:松散岩类孔隙水、基岩裂隙水、岩溶地下水。

(1) 松散岩类孔隙水是指第四系残坡积物、冲洪积物中的地下水,该类型地下水主要分布于海洋谷地、国清谷地及甘野洼地、大浮洼地。在邓塘洼地等其他小洼地中和一些缓坡地带也有少量零星分布。在海洋乡政府—菜市场一带,第四系厚度稍大,手压井均未开挖至岩石面,8~10m 以下多见淤泥层;该区域,岩溶含水层水位埋深浅,且年变幅小于 3m,枯季水位依然在第四系地层中,因此,第四系孔隙水位与岩溶含水层水位为一个统一水位。大气降水入渗补给、谷地东西两侧泉水径流过程中的二次入渗补给、渠道及农田用水的入渗补给,另外下伏岩溶水的顶托补给为该区域孔隙水的补给来源,由于有众多补给来源,其孔隙水水量较为丰富。

(2) 基岩裂隙水主要分布于周边碎屑岩地区。按位置分为甘野—大浮基岩裂隙水分布区和海洋铁矿基岩裂隙水分布区。分布于研究区的东侧,面积约 2.53km²,含水岩组由泥盆系中泥盆统信都组($D_2x^{1~2}$)砂岩、泥质粉砂岩或石英砂岩及页岩等岩层组成。该地区地表植被茂密,植被覆盖百分率高,基岩裂隙发育,含有一定基岩裂隙水,接受天然降水垂直入渗补给后,甘野洼地和大浮洼地碎屑岩区分别发育一条冲沟,地下水受地形控制向近距离的沟谷径流排泄,因此,沿沟谷发育多个小泉点或沿局部沟谷段呈线状排泄。甘野洼地冲沟汇水面积稍大,沟内分布有常年性地下水流;大浮洼地冲沟由于汇水面积较小,枯水季节多呈断流。降水时期特别是暴雨,部分裂隙水在沟谷内排出地表与碎屑岩地表产流一起以集中灌入形式分别通过地下河入口 G054、G034 进入相应的地下河子系统中;部分裂隙水通过地下径流方式侧向补给岩溶区;在枯水季节,降水减少,碎屑岩区裂隙水得不到补充,冲沟内各出水点流量减少,冲沟中径流也相应减小,该部分水流在径流过程中,逐步渗入地下,通过碎屑岩或第四系松散层孔隙含水层侧向补给到岩溶地下水中。以甘野洼地为典型例子,2008 年 10 月,在监测站以东冲沟内,流量大于 5.6L/s,但在监测房西侧冲沟内,流量逐步减小,大约 100m 后,冲沟已干涸。根据区域资料,该区域地下水平均径流模数小于 2.0L/(s·km²),根据实地枯季流量计算,其枯季平均径流模数为 2.65L/(s·km²)。

(3) 岩溶地下水为海洋—寨底地下河系统中主要的地下水类型,面积30.25km²,占整个系统汇水面积 95%。含水岩组主要有:泥盆系中泥盆统塘家湾组（D_2t）、桂林组（D_3g）及上泥盆统东村组（D_3d）、额头村组（D_3e）等，岩性为灰岩、白云质灰岩、白云岩，另还包含部分泥盆系上泥盆统融县组（D_3r）灰岩、石炭系下石炭统尧云岭组（C_1y）泥质灰岩、英塘组（C_1yt）白云岩。由于上述地层灰岩、白云质灰岩或白云岩质纯总体厚度大，岩溶极发育，发育了多个地下河子系统和大泉，主要代表水点有：水牛厄泉 G030、东究地下河出口 G032、寨底地下河出口 G047 等。

松散岩类孔隙水、基岩裂隙水、岩溶地下水三者共同构成一个整体，在局部地区松散岩类孔隙水、基岩裂隙水有可能相对独立存在而形成局部地下水子系统；三种类型地下水也可能存在相互补给等多种水力联系，但整体上以松散岩类孔隙水、基岩裂隙水向岩溶地下水径流补给为主。地下水类型分布如表 1-7 所示。

表 1-7　地下水类型分布

类型	含水岩组代号	位置或地名	面积/km²	占总面积比例/%
松散岩类孔隙水	Q	海洋谷地	1.5	4.48
		甘野洼地	0.5	1.49
		大浮洼地	0.5	1.49
基岩裂隙水	D_2x^{1-2}	甘野—大浮基岩裂隙水分布区	2.5	7.47
	D_3l、D_3w	海洋铁矿基岩裂隙水分布区	0.5	1.49
岩溶地下水	D_2t、D_3g、D_3d、D_3e	国清谷地等	28.0	83.58
面积合计			33.5	100.00

二、含水岩组及富水性

根据研究区地层岩性等特点，将本区含水岩组划分为松散岩类孔隙含水岩组、碎屑岩类孔隙—裂隙含水岩组、碳酸盐岩类裂隙岩溶含水岩组。

各含水岩组主要特征详见表 1-8。

表 1-8　各含水岩组主要特征

岩类	岩组名称	地层代号及岩性	地下水赋存方式	含水岩组富水性
松散岩类	溶蚀洼地底部黏土孔隙潜水含水岩组	Q^{el} 黏土、粉质黏土	赋存于黏土孔隙中	弱
	河谷平原冲积卵砾石孔隙潜水含水岩组	Q^{al}：砂砾石层，总体厚度薄，局部具有上部为黏土、下部为砂砾层的二元结构	赋存于砂卵砾石层孔隙中	总体富水性弱，只在局部中等一强

续表

岩类	岩组名称	地层代号及岩性	地下水赋存方式	含水岩组富水性
松散岩类	山前平原冲洪积含砾石黏土孔隙潜水含水岩组	Q^{al-pl}: 主要为黏土夹碎石	赋存于松散物孔隙中	弱
碎屑岩类	碎屑岩类孔隙—裂隙含水岩组	D_2x: 中—厚层泥质粉砂岩、粉砂质泥岩、中—薄层泥岩、页岩夹泥质粉砂岩、石英杂砂岩； D_3l: 薄层状硅质岩、硅质岩夹硅质泥岩、硅质页岩，偶夹微晶灰岩透镜体； C_1l: 中—薄层含炭细—粉砂质泥岩、炭质页岩、泥岩、泥灰岩等	赋存于构造裂隙、层间裂隙、风化裂隙中	中等
碳酸盐岩类	纯碳酸盐岩含水岩组	D_2t: 中—厚层白云岩、白云岩夹中—厚层灰岩； D_3g: 中—厚层灰岩、灰岩夹白云岩； D_3d: 中—厚层灰岩； D_3e: 中—厚层灰岩； D_3r: 中—厚层灰岩	主要赋存于裂隙溶洞及溶蚀裂隙中	极强
	不纯碳酸盐岩或碳酸盐岩夹非可溶岩含水岩组	D_3b: 薄—中层灰岩夹薄层硅质岩等； C_1y: 薄—中层泥质条带灰岩、灰岩，偶夹硅质结核及薄层硅质岩、白云质灰岩、白云岩； C_1yt: 薄—中层泥质灰岩、灰岩、泥岩、白云岩、泥灰岩夹钙质泥岩、页岩	主要赋存于溶孔、溶蚀裂隙中及规模较小的溶洞中	强
	不纯碳酸盐岩夹非可溶岩或非可溶岩夹碳酸盐岩含水岩组	D_2d: 中—薄层疙瘩状泥质灰岩、泥灰岩、灰岩、灰岩夹钙质泥岩； D_3w: 中—厚层扁豆状灰岩夹泥质条带灰岩、泥灰岩、中厚层扁豆状灰岩夹灰岩、灰岩、钙质泥岩	赋存于裂隙、溶孔及溶蚀裂隙中	中等—强

1. 松散岩类孔隙含水岩组

根据岩性、富水性并结合地貌和成因，松散岩类孔隙含水岩组可进一步细分为：

（1）溶蚀洼地底部黏土孔隙潜水含水岩组，该含水岩组透水性差，厚度薄，多呈雨季含水，平水期、枯水期常呈包气带形式存在。富水性弱。可构成大气降水与岩溶水水量交换的过渡层。

（2）河谷平原冲积卵砾石孔隙潜水含水岩组，主要为砂砾石层，局部具有上部为黏土、下部为砂砾层的二元结构。该含水岩组透水性较好，但厚度薄，多呈雨季含水，平水期、枯水期常呈包气带形式存在，总体富水性弱。在局部厚度较大地段富水性中等—强。

（3）山前平原冲洪积含砾石黏土孔隙潜水含水岩组，该含水岩组砾石与黏土混杂，透水性差，一般为富水性弱的含水岩组或隔水层。

2. 碎屑岩类孔隙—裂隙含水岩组

地下水赋存于构造裂隙、层间裂隙、风化裂隙中。该含水岩组由于风化裂隙多被黏土充填，透水性较差，泉水流量 10～20m³/h，富水性中等。

3. 碳酸盐岩类裂隙岩溶含水岩组

根据碳酸盐岩纯度和夹层等情况碳酸盐岩类裂隙岩溶含水岩组又可细分为：

（1）纯碳酸盐岩含水岩组。该含水岩组质纯层厚，包括 D_2t、D_3g、D_3d、D_3e、D_3r 等层位，岩溶发育强烈，地下水主要赋存在以溶洞为主的含水介质中，富水性极强，泉水或地下河流量大于 60m³/h。

（2）不纯碳酸盐岩或碳酸盐岩夹非可溶岩含水岩组。该含水岩组岩溶较发育，包括 D_3b、C_1y、C_1yt 等层位，地下水主要赋存在以溶洞—溶蚀裂隙为主的含水介质中，富水性强，泉水流量 40～60m³/h。

（3）不纯碳酸盐岩夹非可溶岩或非可溶岩夹碳酸盐岩含水岩组。该含水岩组碳酸盐岩纯度差，层薄，岩溶中等发育，地下水主要赋存在以溶蚀裂隙为主的含水介质中，包括 D_2d、D_3w 等层位，富水性中等—强，泉水流量 20～40m³/h。

三、地下河系统

地下河系统汇水面积 33.5km²，其中碎屑岩分布区面积 3.0km²。其中东村组（D_3d）、桂林组（D_3g）、塘家湾组（D_2t）等岩溶区岩性为灰岩、白云质灰岩或白云岩，其间未发育具有一定厚度的隔水岩层或相对隔水层，构成一个岩溶含水系统，寨底地下河出口 G047 为唯一总排泄口（图 1-23）。

（一）地下河系统边界

边界特征分述如下。

（1）西北部：南湾村西—江尾大队林场附近一线。西侧为 D_2x、D_2d、D_3l、D_3b 等碎屑岩、不纯碳酸盐岩地层形成隔水边界，地形上形成地表分水岭。

（2）西部中段：江尾大队林场附近—大坪村 NW 约 600m 山垭口。本段为潮田—海洋向斜东翼近轴部地带，西侧主要是非可溶岩为主的 C_1l 地层，在这里出现的近 NNE 走向的断层也为其西盘形成隔水性的边界提供了条件。地形上形成地表分水岭。

（3）西南部：大坪村南西一带。该段边界的 NE 和 SW 两侧地下水径流条件较好，促使地下水向其两侧分流，且该段地势较高，形成地表分水岭。

（4）北部边界为漓江和湘江流域的分水岭。根据其特征分为西北段和东北段。

西北段：从西部边界的北端向东到小桐木湾，为近东西向的一段边界，为近东西向地表分水岭。该地段地势相对较平缓，为山前冲积、洪积成因为主的波状起伏缓丘地貌。该处为被第四系松散层所覆盖的岩溶区，土层厚度一般 1～5m。下伏 D_3r 岩溶含水层，地下水水位埋深多在 1～4m。推测该段边界可能为一个可移动的地下分水岭。

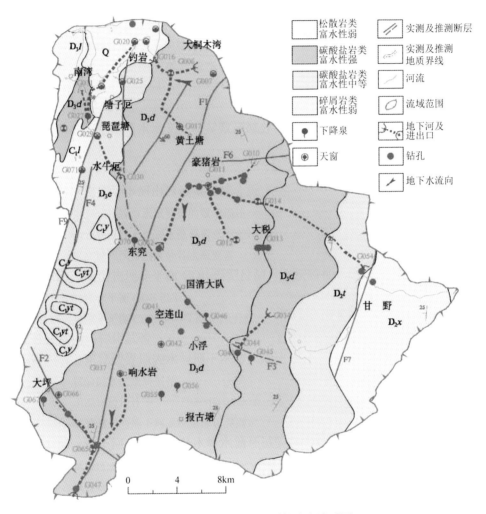

图 1-23　海洋—寨底地下河系统水文地质图

东北段：小桐木湾—甘野村西北一线。总体呈 NW—SE 走向，为中泥盆统、上泥盆统的碳酸盐岩石山区。在其南北两侧分别分布有多处洼地和连续分布的条形谷地。形成地表、地下分水岭，其西南侧地下水明显汇入海洋—寨底地下河系统，西北侧地下水和地表水流向北西方向湘江流域的海洋河。

（5）东部：甘野村东部一带，为分布 D_2x 碎屑岩区的地表分水岭。该分水岭以西区域汇集地表水流和砂岩、泥岩、页岩区的风化层中的裂隙—孔隙地下水，在甘野一带的碳酸盐岩与碎屑岩交界附近以地下河入口、落水洞、溶蚀裂隙入渗等形式进入岩溶含水层。

（6）东南部：寨底地下河出口—董家村东约 1km 处，为中、上泥盆统的碳酸盐岩石山区。地势较高，为地表、地下分水岭。

（二）地下河子系统划分

海洋—寨底地下河系统可进一步划分为 8 个子系统，分别为钓岩子系统、水牛厄子系统、东宄西侧子系统、东宄东侧子系统、大浮子系统、菖蒲岭子系统、空连山子系统及寨底子系统（图1-24）。

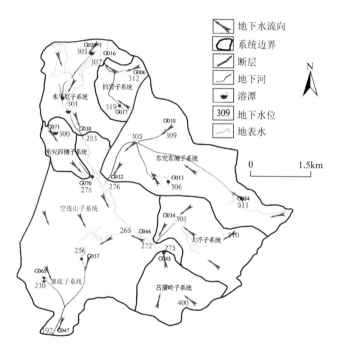

图 1-24　海洋—寨底地下河系统划分

钓岩子系统位于研究区北部，海洋谷地东侧山脚下，G016 为该子系统的总排泄口，脚洞状，出口洞宽 2.0m，洞高 1.0～3.0m，平水期一般可见洞深约 10m，枯水期可进入洞内深约 50m，据访早期洞内不淤塞时，可进入约 200m，每年枯水期断流 1 个月左右；暴雨后出口水位高出洞口边的机耕路面 0.3～0.4m 并将大部分洞口淹没，洪水瞬间流量可达 2.5m³/s 或更大。该子系统主要接受地下河出口东部邓塘一带、南部黄土塘一带径流补给。子系统东、东南边界与东宄东侧地下河子系统相邻，分布区地层为上泥盆东村组（D_3d）灰岩、白云质灰岩及白云岩，控制汇水面积 2.50km^2。子系统内发育 G007 溶潭和 G017 地下河天窗，常年可见地下水水位。该子系统的地下水通过两种方式进入下一级子系统，部分地下水通过钓岩 G016 排泄口排出地表汇入海洋谷地，通过溪沟向南径流，在琵琶塘洼地通过 G029 消水洞再次进入地下；部分地下水通过潜流方式进入海洋谷地中岩溶含水层，这种潜流排泄方式在枯水季节明显可见。

水牛厄子系统为国清坡立谷上游，水牛厄地下河出口为其主要排泄点，补给区主要为水牛厄以北区域，包括钓岩子系统和海洋谷地等区域，补给区面积大于 12.0km^2，出露地层主要为上泥盆统东村组（D_3d）、额头村组（D_3e）、融县组（D_3r）等碳酸盐岩分布区，同时包括鹿寨组（C_1l）、五指山组（D_3w）、榴江组（D_3l）等部分非碳酸盐岩分布区。北部边界为海洋谷地活动分水岭，东北、东部边界为钓岩地下河系统边界，西侧为相对隔水边界和隔水边界；G030 排泄口与地面基本相平，泉口附近地下水呈微压性，暴雨后尤为明显，地下水呈翻滚状冒出，高出地面 0.5～0.6m。枯水期水位平排水沟底，水位年变幅约 1.0m，地下水排出地表后沿溪沟向南径流。

东宄西侧子系统补给于西侧非岩溶区，经 G071 溶潭，最终汇于 G070 岩溶泉流向寨底子系统。该子系统的地下水主要由东宄西北岩溶区补给。子系统北部边界与钓岩子系统相邻，西部边界为相对隔水层地下水分岭，分布区地层为上泥盆统东村组（D_3d）、额头村组（D_3e），下石炭统尧云岭组（C_1y）及英塘组（C_1yt），控制汇水面积大于 3.50km^2。子系统内未见地下河天窗发育和地下水露头点。该子系统的排泄口，常年不断流，冬季流量小但不干枯，雨季流量大，洪水期可把洞口路面淹没，推测流量大于 1.0m^3/s，排泄口与谷地高程相平，除明流排泄外，推测可能存在潜流排泄；地下水通过地表或地下向南朝响水岩 G037 一带径流排泄。

东宄东侧子系统补给于东侧外源水，经豪猪岩洼地，最终汇于 G032 地下河出口流向寨底子系统。该子系统位于研究区中部国清谷地东侧山脚公路边，发育两个溶洞出水口，相距约 30m，北侧出水口稍低，南侧出水口略高，高差约 5.0m，自然条件下，北侧洞口为主出水口，由于村民在洞内建坝抬高水位并改变流向，使得南侧洞口为主出水口，仅在降大雨时，北部洞口才有水流。该子系统北部边界与钓岩子系统相邻，东部边界为碎屑岩隔水边界、南部与大浮子系统相邻，分布区地层为中泥盆统信都组（D_2x）和上泥盆统塘家湾组（D_3t）、桂林组（D_3g）及东村组（D_3d），控制汇水面积大于 12.50km^2。子系统内发育豪猪岩 G011 地下河天窗，常年可见地下水水位。常年不断流，排泄口高出谷地地面约 3.0～4.5m，除明流排泄外，推测可能存在潜流排泄；地下水通过地表或地下向南朝响水岩 G037 一带径流排泄。

大浮子系统补给于东侧外源水，经 G034 地下河入口，最终汇于 G044 地下河出口流向寨底子系统。该子系统出水口 G044 位于洼地北侧山坡脚，暴雨期洪水淹没洞口，地下水翻滚涌出，水浑浊，出水口与一条 4～6m 宽水沟相连。推测 G044 与大浮 G034 消水溶洞有直接水力联系。该子系统主要由东部大浮一带岩溶区及碎屑岩区径流补给；子系统北部边界与东究地下河子系统相邻，东部边界为碎屑岩隔水边界，南部边界与菖蒲岭（范家）岩溶泉系统相邻。分布区地层为中泥盆统信都组（D_2x）和上泥盆统塘家湾组（D_3t）、桂林组（D_3g）及东村组（D_3d），控制汇水面积大于 6.50km^2。子系统内未见地下河天窗发育，仅在大浮洼地发育地下河入口 G034。枯水季节常断流，排泄口高程比局部谷地低 1.2m，与一条宽约 5m 河沟相连，在断流期间，地下水可能以潜流方式向谷地径流排泄，地下水通过地表或地下进入国清谷后向西径流至小浮一带转南西方向朝响水岩径流排泄。

菖蒲岭子系统补给于东南侧，汇于 G045 岩溶泉流向寨底子系统。该子系统位于研究区南东部，位于小浮村东洼地南侧山脚，发育高程 286.8m，出水口为洞穴状，高出稻田约 3.0m，水流从洞口流出，洞口边修建有一个 1.8m×2.0m 集水池，引水到小浮村作生活用水，洞口与一条 1.5～2.0m 宽水沟相连，该点排出的地下水与 G043 排出的地下水汇合向西径流，枯水季节不断流。地下水由南及南东岩溶峰丛山区径流补给，子系统北部边界与大浮子系统相邻，东北角为碎屑岩隔水边界，东南、南部边界与海洋—寨底地下河系统边界重合，分布区地层为中泥盆统信都组（D_2x）和上泥盆统塘家湾组（D_3t）、桂林组（D_3g），控制汇水面积大于 3.50km^2。子系统内没有发育天窗和其他排泄泉点。排出地表的明流汇入大浮子系统出口溪沟一起向南西响水岩径流排泄。

空连山子系统为地表水分散排泄系统，北部接受 G030、G070 和 G032 岩溶泉、地下河补给，西部接受 G044 和 G045 岩溶泉补给，在空连山处汇集，流向 G037 响水岩天窗。

寨底子系统补给于北部 G037 响水岩天窗，西部和东部为地表水分水岭，子系统西部发育岩溶天窗和地下河支流，最终汇入 G047 海洋—寨底地下河出口（陈宏峰等，2016；陈余道等，2013；易连兴等，2010）。

四、地下水补径排特征

补给主要以大气降水、外源补给及内源补给；降雨通过土壤带入渗至表层岩溶带，径流形式分为以管道为主径流和以裂隙为主径流，部分水流通过基岩裂隙径流形成溢流泉，部分水流经岩溶管道排泄至地下河出口，暴雨期管道内充满水，管道水补给基岩裂隙水，枯水期管道内水位低于周围含水层水位，基岩裂隙水补给管道水；主要以表层岩溶泉、岩溶大泉、地下水出口等形式排泄（潘晓东等，2014）。地下水补径排特征详见图 1-25。

（一）补给特征

1. 大气降水补给为研究区主要补给源

大气降水对岩溶地下水补给可细分为面状补给和点状补给两种形式。面状补给，主要指入渗形式；大气降水到岩溶区地表后，部分通过裸露岩溶区裂隙或浅覆盖区孔隙，以垂直入渗方式补给岩溶地下水，这里也包括降水后形成地表径流及径流途中的垂直入渗补给。点状补给，部分大气降水由溶沟、溶槽、洼地冲沟等汇集形成地表径流，地表径流通过消水洞、地下河入口等以点状形式补给岩溶地下水。进一步可分为水平补给方式和垂直补给方式；前者指入口处地形坡度小，地表径流在入口段基本以近水平流入到岩溶地下水，如邓塘 G006、空连山 G040、豪猪岩东北 G010 等；后者指入口地形坡度大且岩溶地下水埋深大，地表径流以近垂直状灌入到岩溶地下水，如大税 G012、小税 G013、大坪 G067 等。

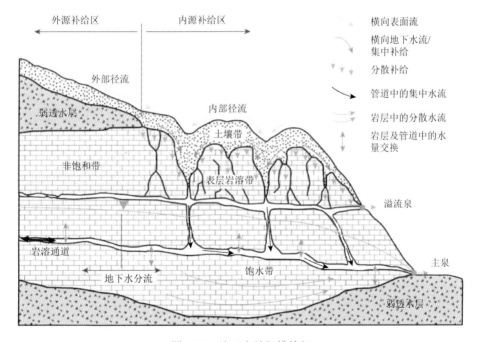

图 1-25　地下水补径排特征

（Hartmann et al.，2014）

2. 外源补给

指碎屑岩区地表径流对流域内岩溶区补给，有两种类型：碎屑岩区汇集的地表径流及排出地表的地下水流入岩溶区，通过落水洞或地下河入口补给岩溶地下水。海洋谷地高架水渠溢流、农灌水入渗补给岩溶地下水。甘野—大浮基岩裂隙水分布区，碎屑岩分布区接受大气降水后，大部分形成地表径流（外源水）通过消水岩洞集中补给岩溶地下水系统，部分入渗到碎屑岩区形成基岩裂隙水，并受地形控制，向西岩溶区径流，对岩溶地下水形成侧向径流补给。同样，位于研究区西北部海洋铁矿基岩裂隙水分布区，也对岩溶区形成侧向补给，其中 G071 西侧榴江组（D_3l）页岩分布区，除侧向补给岩溶水外，其下伏为灰岩，基岩裂隙水可垂直向下越流补给岩溶水。

3. 内源补给

研究区内，高位岩溶水排出地表后对低位岩溶水补给这种形式特别明显。例如：大税 G013 泉水，通过 G012 落水洞再次补给岩溶水；钓岩地下河 G016、溶潭 G026 及 G027 泉等排出的地下水通过 G029 消水洞再次补给岩溶水。

（二）径流特征

岩溶地下水含水介质在空间尺寸上差异大，大体归纳为大型岩溶管道（地下河）和岩溶裂隙两大类，二者临界面即含水介质空间多大为岩溶管道、反之多小为岩溶裂隙，本书不进行深入具体划分；这两大类含水介质的存在，分别对应形成管道水流、裂隙水流两种不同的地下水径流的水文地质条件基础。

1. 以管道为主径流

一次降雨过程，在满足植物截留、包气带持水后产生重力下渗，当降雨强度过大时，则形成坡面流，坡面流通过岩溶洼地内的消水洞集中快速补给地下河系统，并很快在出口排出地表，该部分快速补给、快速排泄的地下水流为快速流［或称为非线性流（紊流）］，快速流在流量上主要表现动态变化大等特点。研究区内，邓塘、甘野、大浮、大坪、国清等洼地，控制汇水面积均在一至数平方公里以上，在暴雨时期，洼地溪沟内有每秒数百升或 $1.0 \sim 5.0 \mathrm{m}^3/\mathrm{s}$ 甚至更大的瞬间流量，全部通过洼地内消水洞灌入岩溶地下河，所对应的钓岩地下河 G016、东究地下河 G032、小浮地下河 G044 及寨底地下河出口 G047，在降雨几小时后就有响应，其流量随降雨强度的增大而快速增大，通常雨停 2~3d 后，流量则快速衰减并恢复到降雨前流量；遇特大强降雨，由于下游某段地下河过水空间小及导水不畅，地表水流在琵琶塘洼地和响水岩洼地淤积，对洼地形成 5~8d 或更长时间的淹没，因此，对下游排泄口 G030、G047 保持长时间的高压水头，这期间，地下河中快速流表现更为明显。其他不降雨或降雨小时段，地下河系统内也可能还存在快速流特征。

2. 以基岩裂隙为主径流

研究区内 NE25°、NW330°及 NW275°三组岩溶裂隙比较发育，岩溶裂隙水经过平水期、枯水期的消耗，地面垂直入渗补给减少，通过岩溶裂隙进入地下河系统的水流也减小，这个时期地表溪沟水流变小或干枯断流，尽管裂隙水流减小，地下河系统基本完全依靠该部分水流补给。研究区内上游钓岩地下河、东究地下河、小浮地下河及下游响水岩—寨底地下河出口地下河段，其主河段长度小于 2.5km，地下河水流特征多受裂隙水流控制，分析认为以表现慢速流特征为主。

3. 层流、管流及包气带

海洋谷地和国清坡立谷及邓塘—钓岩等低峰丛洼地区域，岩溶裂隙发育相对均质，也发育有岩溶地下河，地下水水位高差小，具有相对统一的地下水流场，地下水呈层流为主。在高峰丛洼地区域，如甘野 G054—豪猪岩 G012—东究 G032 和大浮 G034—小浮 G044 等区域，在整个岩溶发育过程中，桂林漓江河谷深切速度过快，不同时期发育的不同高程岩溶裂隙系统未能完全发育贯通，岩溶管道地下水位以上存在几十至数百米厚的包气带，局部形成一层或多层上部滞水。岩溶地下水受岩溶主管道地下水控制，也受地形高差和岩溶裂隙发育深度控制，分析认为高峰丛洼地区域地下水位不具有相对统一的地下水流场。

岩溶地下水系统内，不同部位岩溶发育受不同方向的构造断裂及岩溶裂隙等控制，系统的各向差性特征表现明显。

研究区内峰丛洼地区域和平缓谷地区域均不存在隔水顶板，岩溶地下水系统水动力特征总体以无压水流为主。但在强降水阶段，受强补给影响，消水洞口所处洼地形成地表水淤积，水位高涨，而地下河及泉口排泄不畅，致使局部地下河中水流或裂隙水流表现为承压水，如响水岩—寨底地下河出口段，琵琶塘洼地—水牛厄泉点排泄口地段。

（三）排泄方式

（1）表生带泉。主要有 G013、G055、G067 等。

（2）岩溶大泉。主要发育在国清谷地边缘，如 G027、G043、G030、G045 等。

（3）天窗或溶潭溢流。主要发育在海洋谷地和国清谷地，这些区域地下水埋深浅，受雨季强降水补给，地下水位高出地表形成溢流，如 G020、G007 等溶潭。

（4）地下河。地下河出口排泄为地下水主要排泄形式，如钓岩 G016、东究 G032 和 G070、小浮 G044、寨底地下河出口 G047。

（5）人工开采。在海洋、国清等地，村民通过手压井解决生活用水。在邓塘 G007 溶潭、豪猪岩 G012、空连山 G042 等天窗，村民抽吸地下水解决生活或农灌用水；海洋谷地一带，通过 G015、G020 等溶潭开展农灌抽水。

20 世纪 70～80 年代，海洋乡政府西南 2.3km 处的海洋铁矿建厂运行期间，分别在溶洞 G031 内和 G027 溶潭进行大型抽水用于选矿或生活用水，现已经停采。

地下河系统可划分为 8 个子系统：钓岩子系统 G016、水牛厄子系统 G030、东究西侧子系统 G070、东究东侧子系统 G032、大浮子系统 G044、菖蒲岭子系统 G045、空连山子系统 G037、寨底子系统 G047。东、西两侧地下水、北部地下水向中间国清谷地汇集，并向南径流，最终通过寨底地下河出口 G047 向潮田河排泄。

第二章　水文地质动态监测系统

第一节　监测系统布设原则

一、区域性监测站布设原则

（1）监测站的布设根据地下河系统监测目的、自然地理条件、水文工程地质和环境地质条件、岩溶发育特征、社会经济发展规划及工程建设需要而定。

（2）监测线应沿着地下水动力条件、水化学条件污染途径及有害环境地质作用强度变化最大的方向布置；监测站应按规定密度设置。

（3）重点监测地下河管道（如地下河出口、入口、天窗、竖井、溶潭等）的地下水动态，必要时监测地下河系统中的岩溶裂隙水及表层岩溶水系统。

（4）充分利用地下河系统内已有的勘探孔、供水井、矿井、地下水排水点及取水构筑物等选取所需的监测站，应尽可能利用天然水点建设监测站，必要时增设人工钻孔监测站。

二、地下水流量和水位监测站布设原则

（1）地下河系统总出口为首选监测站。当总出口不宜建站时，应尽量考虑靠近总出口地段地下河主管道的露头天窗进行监测，必要时开展钻孔监测。

（2）充分利用地下水子系统出口、地下河天窗、溶潭等天然水点。监测线宜平行或垂直地下河管道发育方向、垂直构造线及地表水体的岸边线。

（3）基于地下河管道发育的不均匀性，不建议采用几何空间上均匀分布原则，但需考虑监测站覆盖整个地下河系统，包含补给区、径流区、排泄区，并能控制不同类型区域的地下水动态变化。

（4）充分考虑农业灌溉、蒸发、河流及其他地表水对地下河系统地下水动态的影响。允许条件下在垂直河流、湖泊、水库等设计一对监测孔或上下游断面流量监测，用以计算地表水与地下水的水量交换。

（5）在具有多层地下河管道结构的条件下，应布设分层监测站，以监测不同层位地下河管道的地下水动态。

（6）在地下河系统内如存在较大范围的非岩溶区补给，应对碎屑岩、玄武岩

及变质岩等不同类型非岩溶区的外源水适当布设 1～2 个监测站,以达到计算外源水补给强度目的(井柳新等,2013)。

三、地下水水质监测站布设原则

地下河系统水质监测主要对水位(在特定情况下可与水量换算)、pH、水温、电导率、浊度、DO 等理化性质进行连续的自动监测。

(1)重点监测地下水污染严重区、重要农业区等地段,特殊地下水污染组分监测点部署根据需要确定。

(2)地下河系统总出口应布设监测站。

(3)以地下河系统主管道和支管道为骨干,充分利用天然岩溶水点(地下河入口和出口、落水洞、天窗、溶潭、泉口),按从地下河系统补给区、径流区到排泄区的顺序进行监测站布设,原则上需对每条地下河支流进行监测(周仰效等,2007;胡军,2013)。

四、地下河监测信息系统

地下河监测信息系统采用模块化设计,各个功能模块相互独立,每个功能模块由一组功能组件实现。地下河监测系统主要包括以下 6 个模块。

1. 系统管理模块

该模块为整个系统的核心管理功能模块,管理人员通过该模块实现对软件系统功能设置、监测数据的监控、野外监测仪器远程调试及维护等,实现对不同级别用户监测数据访问和利用权限管理等。该模块仅对管理人员开放。

2. 水文地质点管理模块

该模块主要对各类监测站的信息进行管理,监测站类型及内容包括:岩溶天然水点调查记录表、钻孔调查记录表、机民井调查记录表、地表水文点调查记录表、气象监测站基础信息记录表。监测站的基本信息表为水文地质点基础信息简表,主要包括监测站的编号、监测站类型、位置、地理坐标、开始监测时间、监测指标等内容。

3. 仪器信息管理模块

该模块主要对监测仪器进行管理,包括仪器型号及参数信息;传输线缆类型及长度;信号转接线类型及相关信息;SIM 卡号及其各月费用、余额等信息;无线数据传输模块信息等。

4. 监测站信息管理模块

该模块主要对监测站基本信息进行管理，包括自动观测站安装时间、自动观测站调式、维护记录、仪器更换记录。

5. 监测数据管理模块

该模块为地下河动态数据管理模块，包括气压、气温数据记录，降雨量数据记录，水位、水温数据记录，水质仪监测数据记录，等等，可实现不同类型监测数据的整合等管理。

6. 数据安全控制模块

该模块完成系统安全认证、数据信息加密等功能，采用用户口令认证、口令加密的方式来保证用户信息的安全性。该模块仅对管理人员开放。

系统管理和数据安全控制两个模块仅对管理人员开放；水文地质点管理、仪器信息管理、监测站信息管理、监测数据管理 4 个模块具有录入、修改、查询、导入、导出等功能。岩溶地下河监测信息系统模块化结构图如图 2-1 所示。

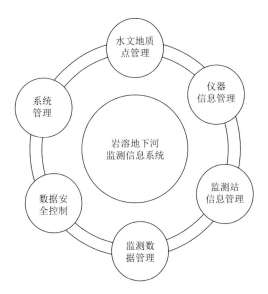

图 2-1　岩溶地下河监测信息系统模块化结构图

五、孔口保护装置

监测站（孔）孔口保护装置基本结构（图 2-2）主要参考地质环境监测部门经

验。保护装置主要包括一个钢筋混凝土材质的基座和一个钢管制成的孔口帽。

基座高度不小于 150cm，其中入地部分高度不小于 70cm，露出地面高度 70～80cm。基座的直径应大于孔口帽直径 15～20cm。

孔口帽钢管厚度不小于 10mm，高度 30cm，直径大于 35cm，并应视井管直径和井内监测孔数量（对于一井多孔监测井组）适当调整；孔口帽上设计一个专门的锁固装置，匹配专门的开锁工具；为保证自动传输信号强度，须在孔口帽顶部开一个不小于 20cm 的圆孔，并牢固安装工程塑料封严。

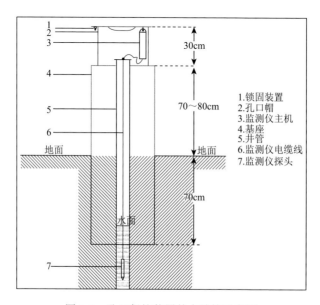

1. 锁固装置
2. 孔口帽
3. 监测仪主机
4. 基座
5. 井管
6. 监测仪电缆线
7. 监测仪探头

图 2-2　孔口保护装置基本结构示意图

六、地下水位监测结构

地下水位监测结构指保护装置与监测站水位的空间关系，分为竖直结构和弯曲结构。监测站的建设可采用孔口保护装置或监测房，其管线分为直线管道和弯曲管道结构，应在管道内布置直径不小于 $\phi50mm$ 的 PVC 管，以其防止缆线与管壁黏连。

1. 监测保护装置与监测站垂直结构

监测站位于孔口保护装置内或监测房内，水位计、水质仪等监测仪器可垂直放入水体中（图 2-3）。垂直结构模式设计和施工简单，造价低，宜尽量考虑采用该种监测模式。

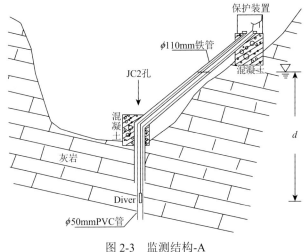

图 2-3 监测结构-A

Diver 是地下水位计的型号，该水位计可以记录压力、温度等参数变化

2. 监测保护装置与监测站弯曲结构

监测站位于孔口保护装置外面或监测房子外面，水位计、水质仪等监测仪器通过弯曲管道进入水体中（图 2-4）。当下列情形应考虑采用弯曲结构监测模式：

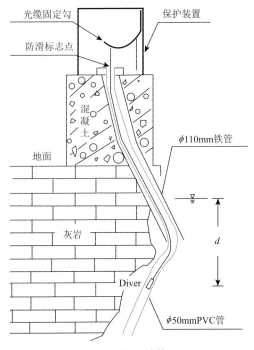

图 2-4 监测结构-B

（1）监测站的洪水期水位高出地面且可能淹没监测设施，监测设施需要移到更高位置时；如地下河管道承压水分布区、地下河天窗或溶潭等所处洼地为内涝区。

（2）部分地下河天窗、溶潭等结构复杂，孔口保护装置或监测房可建在监测点上方或附近，但仅能通过弯曲管道才能进入水体中。

第二节　监测系统结构与功能

一、监测类型与功能

海洋—寨底地下河系统是一个完整的岩溶地下水单元，地下水边界清晰，具有补给、径流、排泄多种水文地质条件要素，含水介质包含有孔隙、裂隙和岩溶管道；地下水水位、流量、水质在上述诸要素中的变化动态是海洋—寨底地下河系统监测的主要要素。海洋—寨底地下河系统监测部署见图 2-5。采用水文地质钻孔建立监测站共 29 处（表 2-1），在天然地表和地下露头点修建监测站 16 处（表 2-2），建立了降雨监测站 6 处。海洋—寨底地下河系统内的监测站组合具有 7 个方面的监测功能。

1. 降雨量和蒸发量监测

气象监测站位于琵琶塘、甘野、东究、响水岩、寨底、大税，其中琵琶塘、甘野、响水岩、寨底和大税为降雨量监测站位置，东究为蒸发量监测站位置。6 个站点可监测系统内从补给区（>450m）、径流区（250~450m）到排泄区（<200m）的降雨变化特征，为研究发育不同高程的岩溶水子系统的"四水"转换提供科学监测数据。气象监测站分布表如表 2-3 所示。

2. 表层岩溶水监测

利用大税洼地内 G013 表层泉、ZK22、ZK23、ZK24 三个钻孔和附近山坡地表产流，开展"三水"转化与水循环机理（降雨量、地表产流量、垂直入渗量等之间关系）、表层岩溶系统对水资源的调蓄能力监测。结合降雨量监测站、蒸发量监测站和地下河出口流量监测站数据开展降水入渗系数及入渗量评价计算。

3. 边界水动力监测

海洋谷地为漓江与湘江两个水系的地下水分水岭，受南北两侧袭夺和补给量季节变化，导致地下水分水岭移动，通过 ZK01、ZK02、ZK03、ZK04 及 G015、G019 溶潭进行移动边界水位监测。

一类边界监测，整个地下河系统以寨底地下河出口 G037 集中排泄，在出口处建立监测站监测流量、水位、水质变化。

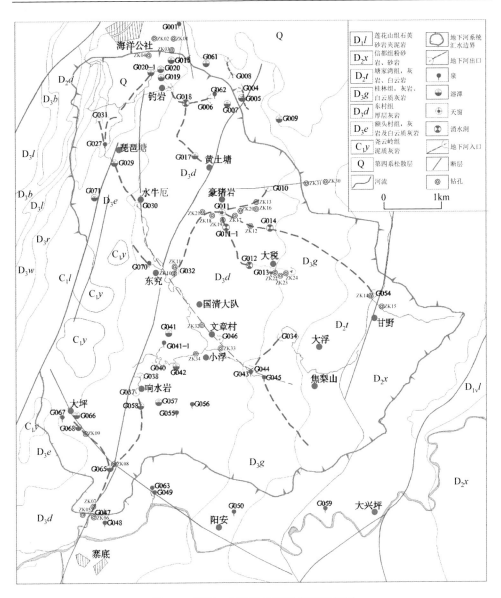

图 2-5 海洋—寨底地下河系统监测部署

表 2-1 钻孔监测站一览表

序号	编号	位置	保护设施结构	监测内容	序号	编号	位置	保护设施结构	监测内容
1	ZK01	海洋谷地	监测房	水位、水温	4	ZK04	海洋谷地	监测房	水位、水温
2	ZK02	海洋谷地	监测房	水位、水温	5	ZK05	寨底	孔口保护装置	水位、水温
3	ZK03	海洋谷地	监测房	水位、水温	6	ZK06	寨底	孔口保护装置	水位、水温

序号	编号	位置	保护设施结构	监测内容	序号	编号	位置	保护设施结构	监测内容
7	ZK07	寨底	孔口保护装置	水位、水温	19	ZK19	豪猪岩	孔口保护装置	水位、水温
8	ZK08	大坪	孔口保护装置	水位、水温	20	ZK20	豪猪岩	孔口保护装置	水位、水温
9	ZK09	大坪	孔口保护装置	水位、水温	21	ZK21	豪猪岩	孔口保护装置	水位、水温
10	ZK10	东究	孔口保护装置	水位、水温	22	ZK22	大税	孔口保护装置	水位、水温
11	ZK11	东究	孔口保护装置	水位、水温	23	ZK23	大税	孔口保护装置	水位、水温
12	ZK12	豪猪岩	孔口保护装置	水位、水温、气压	24	ZK24	大税	孔口保护装置	水位、水温
13	ZK13	豪猪岩	孔口保护装置	水位、水温	25	ZK30	大江村	孔口保护装置	水位、水温
14	ZK14	甘野	孔口保护装置	水位、水温	26	ZK31	豪猪岩	孔口保护装置	水位、水温
15	ZK15	甘野	孔口保护装置	水位、水温	27	ZK32	国清村委	孔口保护装置	水位、水温
16	ZK16	豪猪岩	孔口保护装置	水位、水温	28	ZK33	小浮村北	孔口保护装置	水位、水温
17	ZK17	豪猪岩	孔口保护装置	水位、水温	29	ZK34	小浮村西	孔口保护装置	水位、水温
18	ZK18	豪猪岩	孔口保护装置	水位、水温					

表 2-2 天然水点监测站一览表

序号	编号	位置	类型	保护设施结构	监测内容
1	G007	邓塘	溶潭	监测房	水位、水温
2	G011	豪猪岩	天窗	监测房	水位、水温
3	G013	大税	泉	监测房	水位、水温、流量、雨量
4	G015	小铜木湾	溶潭	监测房	水位、水温
5	G016	钓岩	地下河出口	监测房	水位、水温、流量
6	G017	黄土塘	天窗	监测房	水位、水温
7	G019	钓岩	溶潭	监测房	水位、水温
8	G026	塘子厄	天窗	监测房	水位、水温、水质
9	G027	琵琶塘	岩溶泉	监测房	水位、水温、流量、雨量
10	G030	水牛厄	岩溶泉	监测房	水位、水温、流量
11	G032	东究	地下河出口	监测房	水位、水温、流量、水质、雨量
12	G037	响水岩	天窗	监测房	水位、水温、水质、雨量
13	G041	空连山	天窗	监测房	水位、水温

续表

序号	编号	位置	类型	保护设施结构	监测内容
14	G042	空连山	天窗	监测房	水位、水温
15	G047	寨底	地下河出口	监测房	水位、水温、流量、水质、雨量、气压
16	G053	甘野	泉	监测房	水位、水温、流量、雨量

表 2-3　气象监测站分布表

序号	气象监测站位置	安装仪器	监测高程	控制区域
1	琵琶塘	自动雨量计	310～350m	监测系统北部区域
2	甘野	自动雨量计	600～800m	监测东侧补给山区
3	东究	蒸发站	260～270m	监测系统中部水牛厄至响水岩
4	响水岩	自动雨量计		
5	寨底	自动雨量计	180～200m	监测系统南部边界
6	大税	自动雨量计	450～550m	监测系统东南区域

二类边界监测，在甘野洼地灰岩与碎屑岩接触带建立监测孔 ZK14、ZK15 进行水位监测，监测碎屑岩区裂隙水向岩溶区侧向径流补给（水位）特征。

4. 外源水补给条件监测

通过 G053 监测站监测甘野碎屑岩冲沟流量，进而评价甘野—大浮洼地非岩溶区外源水补给强度。

5. 排泄特征监测

除总排泄点外，地下河系统内部发育多个地下河子系统，各子系统发育各自的排泄口，对这些泉、地下河子系统进行流量及水位监测。

6. 不同介质条件水文监测

在豪猪岩洼地、东究东侧子系统出口裂隙介质分布区，采用打井监测裂隙水位。在豪猪岩洼地、大坪洼地等地下河管道分布地区，对主管道进行钻孔监测，在总出口段通过 ZK7 监测出口段地下河水位变化。

7. 地下河径流条件监测

利用地下河天窗、溶潭控制不同地段的水位变化，如水牛厄 G030、空连山

G042 等，并作为建立数学模型的局部控制点。天然水站监测站和人工钻孔监测站分布在不同区域监测不同水文地质要素，组合构成 7 个专业试验场所（表 2-4）。

表 2-4　监测站组合功能一览表

序号	项目	单位	数量
1	地下水示踪试验站	个	2
2	外源水补给试验站	个	1
3	微污染水处理试验站	个	1
4	表层岩溶带水循环及调蓄功能试验场	个	1
5	移动分水岭水流交换试验场	个	1
6	岩溶裂隙与管道水流交换试验场	个	1
7	管道水流交换试验场	个	1

二、不同类型水文地质监测网示范

（一）地下河出口

1. 地下河总出口 G047

位于地下河系统南部，寨底村北侧 400m 山脚，为整个地下河系统的地下水集中排泄点。监测设施包括监测房、堰、河道护墙等，监测水位、流量、大气压和地下水水质。

监测房位于左岸堰口上游 3m，建筑面积 2.0m×1.5m，监测房内修建水池并设置进、出水口与河道水流相连，通过监测水池中水位达到监测河道水位目的。采用不锈钢弯管结构监测水质，钢管安置在流水区域，水质监测仪放置在钢管内。河道两侧垂直护墙高 2.4m，河床混凝土硬化；堰口上游河道修整长度 16m，下游河道修整长度 15m，并且堰口上游河道两岸护墙相互平行，其间距保持 16.6m。枯季采用堰口监测流量，堰口宽 1.92m，高 0.4m；雨季采用断面法监测，在监测房上游 1m 处修建有便于洪水期测量流速的钢架小桥。

2. 钓岩子系统出口 G016

位于海洋谷地东侧山脚，与一条排洪渠和一条溪沟连接。在渠道边建监测房，悬空于水面，占地 1.5m×2.0m，房高 2.2m，排洪渠和堰口上游水位与监测房内仪器通过大口径铁管保护和连接，监测流量。

3. 东宪东侧子系统出口 G032

位于国清谷地中段东侧山脚，地下水由豪猪岩、大税、小税及甘野一带补给，不断流，为东宪村、国清村饮用水水源，以及灌溉用水水源。采用监测房和垂直管道保护结构，监测房位于出水口下游 40m 左岸，悬空于水面，仪器保护管从房子地板垂直伸入水下，监测东宪东侧子系统的流量动态、外援水补给条件下的水质变化动态。

（二）岩溶泉水

1. 岩溶泉 G013

位于地下河系统东侧，东宪地下河子系统中部大税洼地东南山脚，是一个表层岩溶泉，也是当地村民生活用水取水点。采用监测房和弯管保护结构。采用堰流计算流量，堰口宽 0.8m，堰坝墙厚 0.4m。结合上游 3 个钻孔 ZK22、ZK23、ZK24，用于研究表层带岩溶泉的流量动态、评价表层岩溶带的调蓄能力等。

2. 岩溶泉 G027

位于地下河系统北部海洋谷地南端琵琶塘村旁，为海洋谷地地下水集中排泄点，地下水排出地表后，通过 G029 消水洞再次消于地下。监测站采用监测房和垂直保护管结构；监测房位于泉口溪沟北侧田埂并悬空于水面；采用断面法监测流量动态，测量河道宽 2.5m。

3. 岩溶泉 G030

位于国清谷地北端水牛厄村旁，主要接收北部海洋谷地的地下水补给。采用监测房和弯管保护结构，监测房在出水口下游 30m 处架空在堰坝及水面上，监测流量，控制水牛厄以北区域的地下水补给、排泄情况。

（三）溶潭

1. G007 溶潭

位于地下河系统北部邓塘谷地，为邓塘村村民饮用水集中取水点，修建有抽水房和蓄水池，溶潭出口地面水泥混凝土固化。监测房位于溶潭东北角，水下监测仪器与监测房内仪器通过弯管结构保护和连接；该点主要控制东北部边界的水位动态。

2. 溶潭 G041

位于国清谷地南部空连山村西侧 350m，张口约 25m，深度约 12m，枯水期干枯。监测房位于溶潭北侧，弯管保护结构，观测水位动态。

（四）地下河天窗

1. 天窗 G011

位于地下河系统东侧豪猪岩洼地中央，原地面不见洞口，为村民解决生活用水开挖揭露的地下河天窗，张口呈椭圆状，深约 13m，简易石阶直通地下河水面，现为豪猪岩村民的生活用水抽水点。该点采用监测房及弯管结构，位于北东侧，该点控制东究地下河子系统中部管道水位动态。

2. 响水岩天窗 G037

位于国清谷地南端，是上游地下水进入下游地下河管道的集中补给点；也是整个地下河系统中最大天窗，张口宽度大于 40m，深度大于 35m；从地面到天窗底部有 1.5m 宽石阶梯，底部修建有洗衣台。天窗不断流，该点采用监测房和弯管结构；监测房位于天窗南侧，导线穿过村级公路到天窗底部水面下；主要控制和研究洪水期水位快速上涨和衰减特征。

（五）地表溪流

G053 监测站位于东部碎屑岩区甘野村东侧 350m 处，监测点为一条冲沟，冲沟内汇集两侧岭坡的裂隙泉水，村民用水管引出部分水流作为生活用水。监测房位于溪沟南侧岭坡，保护管为弯管结构，采用堰测流。该点监测碎屑岩区的地表水、裂隙水动态，推算岩溶区外源水补给强度。

（六）水文地质监测孔

1. 海洋谷地监测孔

地下河系统北部海洋谷地布置 4 个监测孔 ZK01～ZK04，其中 ZK02、ZK04 揭露了大型地下河管道，ZK01、ZK03 揭露裂隙为主，高架水渠下面的 ZK01，裂隙非常发育，岩石破碎，但充满泥质物。4 个监测孔重点控制海洋谷地内的地下水水位动态，用于研究地下分水岭的移动特征。采用监测房方式，监测孔位于监测房内。

2. 南部监测孔

南部监测孔主要包括寨底地下河出口附近的 ZK05、ZK06、ZK07 监测孔,以及位于大坪洼地 ZK08、ZK09 监测孔。其中 ZK05、ZK06 分别位于地下河出口的两侧,主要用于控制出口两侧的岩溶发育情况及其判断是否存在地下水从两侧径流出区外,实际揭露两个孔岩溶不发育,微裂隙为主,涌水量小。ZK07、ZK08 监测孔,均揭露了大型岩溶管道,以及卵石泥沙等,均位于地下河主管道上;大坪谷地中 ZK09 揭露裂隙为主,但出水量大,推测与附近管道相连。4 个监测孔的监测设施均采用孔口保护装置基本结构模式。

3. 豪猪岩洼地监测孔

深埋藏区监测孔包括 ZK12、ZK13 和 ZK16,3 个均位于豪猪岩洼地东侧半山坡公路边,水位埋深大于 85m,其中 ZK12 揭露地下河大型管道、ZK13 揭露地下河小管道、ZK16 仅揭露微小裂隙,且涌水量非常小。

豪猪岩洼地内监测孔包括 ZK17、ZK18、ZK19、ZK20、ZK21,其中 ZK17、ZK19、ZK21 揭露大型地下河管道,ZK20 揭露岩溶裂隙,出水量大,ZK18 揭露孔隙水位。上述 8 个监测孔主要用于控制东究地下河中部水位动态,同时用于开展岩溶裂隙与岩溶管道的水流交换研究,均采用孔口保护装置基本结构模式。

4. 东侧边界监测孔

东侧边界监测孔包括 ZK30 和 ZK31,其中 ZK30 位于大江村谷地中田埂上,揭露岩溶裂隙,且出水量一般,ZK31 位于半山腰山坳,揭露地下河管道。上述 2 个监测孔主要用于控制地下河系统东侧边界水位动态,是识别东侧边界位置的重要监测站,均采用孔口保护装置基本结构模式。

5. 外源水补给区监测孔

外源水补给区监测孔包括 ZK14、ZK15,其中 ZK14 位于碎屑岩区、ZK15 位于碎屑岩与灰岩接触地带。2 个监测孔均以裂隙孔隙水为主,主要用于研究碎屑岩区向岩溶区的侧向补给。ZK14、ZK15 均采用加高基础孔口保护装置结构模式。

6. 税洼地监测孔

该区域监测孔包括 ZK22、ZK23 和 ZK24,位于大税洼地表层带岩溶泉 G013 泉口或上游,孔深浅,均为 60m,揭露岩溶裂隙为主,主要用于研究上层滞水富水特征或表层岩溶带的调蓄能力。3 个监测孔均采用孔口保护装置基本结构模式。

7. 国清谷地监测孔

国清谷地监测孔主要指小浮村附近的 ZK32、ZK33、ZK34，主要控制小浮洼地东西方向与南北方向及其交汇处的地下水动态特征。ZK32 位于国清小学旁山脚下，控制南北向北部地下水动态；ZK33 位于小浮村东侧桃树田埂边，控制东西向东侧的地下水动态；ZK34 位于小浮村西侧稻田小河边，为南北向与东西向洼地的交汇处。其中国清小学旁的 ZK32 揭露地下河管道，ZK33 揭露岩石破碎但充填泥质物导水性能差，ZK34 揭露微小裂隙，出水量小。3 个监测孔均采用孔口保护装置基本结构模式。

ZK30～ZK34 主要特征如表 2-5 所示。

表 2-5　监测孔主要特征

序号	孔号	位置	孔深/m	孔内主要情况
1	ZK30	大江村谷地中田埂上	76.8	2 层溶洞发育、岩石破碎。上层溶洞充填水体，底部为大溶洞，充填砂和砾石为主、淤泥和黏土少
2	ZK31	半山腰山坳	130.1	岩石完整，溶洞和裂隙不发育
3	ZK32	国清小学旁山脚下	60.06	岩石完整，有溶洞发育，充填水
4	ZK33	小浮村东侧桃树林田埂边	113.1	岩石破碎，裂隙强发育，多充填黄色粉质黏土，无大型溶洞
5	ZK34	小浮村西侧稻田小河边	120.45	岩石完整，局部裂隙发育
合计			500.51	

第三节　典型水文地质监测站

一、外源水监测站

研究区内的外源水监测站位于区域的东侧的甘野村，由外源水监测站 G053（图 2-6）及钻孔 ZK14、ZK15 组成，外源水监测站试验场水文地质简图见图 2-7，该试验场主要研究外源水与岩溶地下水之间的水循环交换机理。在试验场内的 G053 处建立了外源水流量监测站，在 ZK14、ZK15 处建立了地下水水位监测站，利用自动化监测仪器分别对 G053 的水流量，以及 ZK14 和 ZK15 的地下水水位进行长周期、高精度的监测，监测频率为平、枯两季 4h 一次，丰水期 10min 一次。

该试验场的水文地质条件主要为：该区的含水岩组为泥盆系中泥盆统信都组（D_2x^{1-2}）砂岩、泥质粉砂岩或石英砂岩及页岩等岩层组成。地表植被茂密覆盖率高，基岩裂隙发育，含有一定基岩裂隙水，接收天然降水垂直入渗补给后，

图 2-6　外源水 G053 监测站

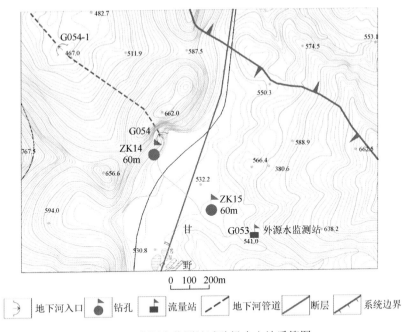

图 2-7　外源水监测站试验场水文地质简图

甘野洼地碎屑岩区发育一条冲沟，地下水受地形控制向近距离的沟谷径流排泄，因此，沿沟谷发育多个小泉点或局部段沟谷呈线状排泄；甘野洼地冲沟汇水面积稍大沟内长年有水流。降水时期特别是暴雨，碎屑岩区形成丰富的地表产流，部分裂隙水在沟谷内排出地表与地表产流一起以集中灌入形式分别通过地下河入口

G054 进入相应的地下河子系统中，部分裂隙水通过地下径流方式侧向补给岩溶区；在枯水期，降水减少，碎屑岩区裂隙水得不到补充，冲沟内各出水点流量减少，冲沟中径流也相应减小，该部分水流在径流过程中，逐步渗入地下，通过碎屑岩或第四系松散层孔隙含水层侧向补给到岩溶地下水中。

二、不同岩溶含水介质监测站

不同岩溶含水介质监测站位于研究区中部东究地下河系统内，主要包括豪猪岩村、东究村等地。不同岩溶含水介质监测站包括地下河出口 G032、天窗 G011、钻孔 ZK12、ZK13、ZK16、ZK17、ZK19、ZK20、ZK21（图 2-8～图 2-11）。其中 G032、G011、ZK12 代表洞穴型含水介质，ZK13、ZK17、ZK19、ZK21 代表溶蚀缝型含水介质，ZK16、ZK20 代表岩溶裂隙型含水介质。该试验场主要研究不同岩溶含水介质降水入渗机理与渗透能力，以及不同介质间水流交换机理。

在 G032 处建立了流量监测站，主要监测地下河出口水流量；在 G011、ZK12、ZK13、ZK16、ZK17、ZK19、ZK20、ZK21 建立了各自的地下水水位监测站主要监测地下水水位。监测频率为平、枯两季 4h 一次，丰水期 10min 一次。

不同岩溶含水介质监测站的水文地质条件：该区为一完整地下河系统（东究地下河系统），系统北部边界与钓岩子系统相邻，东部边界为碎屑岩隔水边界、南部与大浮子系统相邻，分布区地层为中泥盆统信都组（D_2x）、上泥盆统塘家湾组（D_3t）、桂林组（D_3g）及东村组（D_3d），控制汇水面积大于 12.50km²。系统内发育豪猪岩 G011 地下河天窗，常年可见地下水水位。常年不断流，排泄口高出谷地地面约 3.0～4.5m，除明流排泄外，推测可能存在潜流排泄；地下水通过地表或地下向南朝响水岩 G037 一带径流排泄。

图 2-8　地下河出口 G032 监测站

图 2-9 天窗 G011 监测站

图 2-10 钻孔 ZK12 监测站

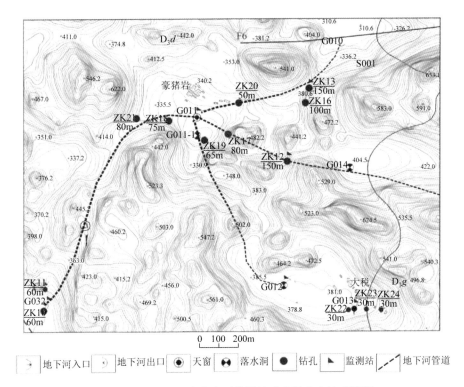

图 2-11 不同岩溶含水介质监测站试验场水文地质简图

三、表层岩溶带水监测站

表层岩溶带水监测站位于研究区中部大税洼地内,主要包括大税村等地。表层岩溶带水监测站包括流量堰、表层岩溶泉 G013、3 个钻孔(ZK22、ZK23 和 ZK24)

组成（图 2-12～图 2-14）。该试验场主要对三水转化与水循环机理（降雨量、地表产流量、垂直入渗量等之间的关系）、表层岩溶系统对水资源的调蓄能力进行研究，求取表层岩溶带调蓄能力等水文地质参数。

图 2-12　大税调蓄试验场蓄水坝　　　　图 2-13　表层岩溶泉 G013 监测站

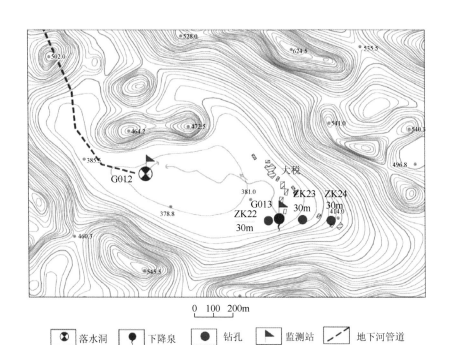

图 2-14　表层岩溶带水监测站试验场水文地质简图

在出水溶洞的下游 200m 处建立流量监测站，主要监测表层岩溶带水调蓄试验时的地表产流量；在 G013 处也修建了流量监测站，主要监测表层岩溶带水流量；在 ZK22、ZK23 和 ZK24 建立了各自的地下水水位监测站，主要监测地下水水位。监测频率为平、枯两季 4h 一次，丰水期 10min 一次，调蓄试验时为 10s 一次。

　　表层岩溶带水监测站的水文地质条件：该区位于大税洼地内，含水岩组为东村组灰岩岩溶水，局部上层滞水以泉点形式排出地表，其补给面积小，流量小，多呈季节性泉，枯季多为断流或接近断流状态。区域内的 G013 泉，是典型的表层岩溶泉，泉点位于大税村洼地东侧山脚下，发育高程 383.5m，出水口为脚洞状，约 1.0m 宽大小，泉水经铁管从出水口引入到人工矩形水池中，水池长 1m，宽 0.5m，深 0.4m，特旱年份枯水期泉水干枯，一般年份均不断流，通常能满足全村 62 余人的生活用水。泉流量随降水变化明显，但泉水不很浑浊。

四、地下水移动分水岭监测站

　　工作区北部为海洋乡驻地，地貌为峰丛谷地，冲洪积土层厚 5～10m，谷地走向北东向，宽 500～2500m，地面高层 303～305m，地形较平缓。下伏地层为上二叠统融县组 D_3r，岩性为深灰色厚层状灰岩。大致沿引水灌渠—小桐木湾一带有一小的堆积隆起，但不明显。甘野—塘边—九连大队一带发育有一河流为海洋河，河流由南向北径流，主要排泄工作区东部碎屑岩区产流。海洋乡静安寺后山脚发育一季节性出水溶洞，雨季溢流后排入海洋河，后由南向北径流最终汇入湘江，属于海洋谷地湘江流域海洋后流域。而工作区地下水由北向南径流，在寨底村一带出露地表后，汇入潮田河，最终注入漓江，属于桂江流域漓江流域。故而在海洋谷地必然存在着一地下水分水岭。表层岩溶泉 G013 监测站见图 2-15，地下水移动分水岭监测站试验场水文地质简图见图 2-16。

图 2-15　表层岩溶泉 G013 监测站

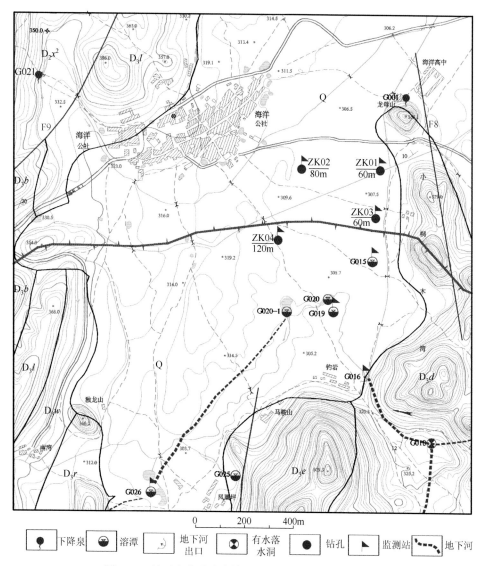

图 2-16　地下水移动分水岭监测站试验场水文地质简图

　　海洋乡东约 1000m 处龙母山（溶丘）下静安寺庙后山脚发育季节性出水溶洞 G001，雨季，该溶洞出流后顺冲沟向海洋河排泄；海洋乡东南小桐木湾发育有 G015、G019、G020 等多个溶潭，溶潭出流后向南径流进入海洋—寨底地下河系统，故而地下分水岭大致位置应在 G015 与 G001 之间，且随着地下水位波动而来回移动。为准确查明移动边界处地下水分水岭位置，布设有 ZK01、ZK02、ZK03、ZK04 共 4 个地下水监测孔。通过 ZK01、ZK02、ZK03、ZK04 及 G015、G019 溶潭水位可确定移动边界的位置。

ZK02、ZK03、ZK04 在勘探施工中均钻遇有溶洞，ZK01 岩心较破碎，其水位为海洋谷底区域岩溶水水位。ZK01 水文地质柱状图见图 2-17，ZK02 地下水水位监测站见图 2-18。

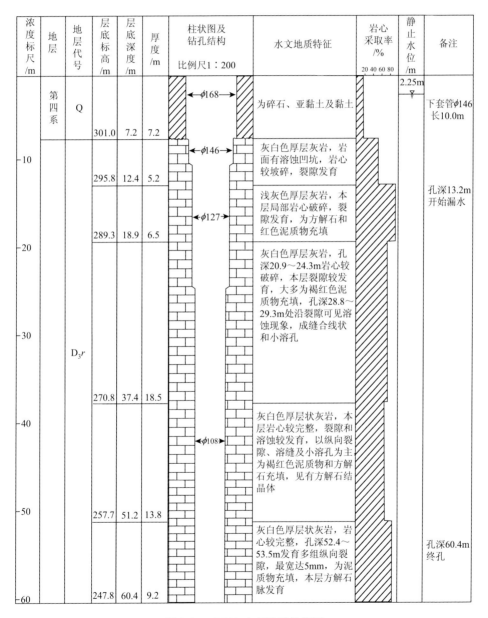

浓度标尺/m	地层	地层代号	层底标高/m	层底深度/m	厚度/m	柱状图及钻孔结构 比例尺1：200	水文地质特征	岩心采取率/% 20 40 60 80	静止水位/m	备注
	第四系	Q				φ168	为碎石、亚黏土及黏土		2.25m	下套管φ146长10.0m
			301.0	7.2	7.2					
-10						φ146	灰白色厚层灰岩，岩面有溶蚀凹坑，岩心较坡碎，裂隙发育			
			295.8	12.4	5.2		浅灰色厚层灰岩，本层局部岩心破碎，裂隙发育，为方解石和红色泥质物充填			孔深13.2m开始漏水
						φ127				
			289.3	18.9	6.5					
-20							灰白色厚层灰岩，孔深20.9～24.3m岩心较破碎，本层裂隙较发育，大多为褐红色泥质物充填，孔深28.8～29.3m处沿裂隙可见溶蚀现象，成缝合线状和小溶孔			
-30		D₃r								
			270.8	37.4	18.5					
-40						φ108	灰白色厚层状灰岩，本层岩心较完整，裂隙和溶蚀较发育，以纵向裂隙、溶缝及小溶孔为主为褐红色泥质物和方解石充填，见有方解石结晶体			
-50			257.7	51.2	13.8					
							灰白色厚层状灰岩，岩心较完整，孔深52.4～53.5m发育多组纵向裂隙，最宽达5mm，为泥质物充填，本层方解石脉发育			孔深60.4m终孔
-60			247.8	60.4	9.2					

图 2-17　ZK01 水文地质柱状图

图 2-18　ZK02 地下水水位监测站

五、多级排泄地下水监测站

研究区自 G015、G020、G019 溶潭向南地貌为峰丛谷地，谷地走向南南西，发育地层为上泥盆统融县组，岩性为灰色中厚层状灰岩。受海洋逆断层 F9 阻挡，在塘子厄出露 G026 溶潭，G031 出水溶洞和 G027 琵琶塘下降泉，F3 断层阻挡在凤凰坪发育有 G025 下降泉，地下水出露地表转为地表水。在坡立谷末段 G029 消水洞消入地下。多级排泄地下监测站试验场水文地质简图见图 2-19，F9 逆断层挤压变形露头见图 2-20。

G027 琵琶塘下降泉（图 2-21）出露于海洋乡琵琶塘村，出露地层为 D_3r，岩性为深灰色厚层状灰岩。泉水呈翻滚状流出，出水口宽约 2.5m，东西两侧建有洗衣台阶，该点西 60m 处发育一个溶潭，水面约 4.5m×4.0m，溶潭与泉均长年不干，从 G026 侧点处的地表径流汇入该泉点的排泄沟内，三者混合，平水期 G026 地表径流断流；泉水出露受 F9 断层控制。

G029 琵琶塘消水洞（图 2-22）出露于海洋乡琵琶塘村山脚，出露地层为上泥盆统额头山组 D_3e，岩性为浅白—灰白色灰岩、白云质灰岩，该消水洞为消水洞群，该消水洞附近发育多个消水洞、溶潭，海洋谷地汇集的地表、地下水通过该点消入地下，G027 泉水从经过约 200m 地表径流后从该点汇入地下。雨季周边农田淹没，淹没深度 4～10m，该点每年均会淹没 2～4 次，一般 1～3d，消入地下。地下水由此向南侧水牛厄径流排泄。

G030 水牛厄地下河出口出露于海洋乡国清村、水牛厄村口山脚，出露地层为东

岗岭组 D_2d，岩性为浅灰色厚层状灰岩，地下河出口位于村子中间，水面呈近圆形直径约 5.5m，常年有水流溢出，水位年变幅约 1.0m，洪水期地下水呈承压状翻滚冒出高出地表 0.5~0.6m，枯水期水位平排水沟底。地下水排出地表后沿沟向南径流。

　　在研究区 G026、G027、G029、G030 分别建立地下水动态监测站，监测指标分别为水位、流量和水质，监测频率为平水期、枯水期 4h 一次，丰水期 10min 一次。G030 水牛厄地下河出口见图 2-23。

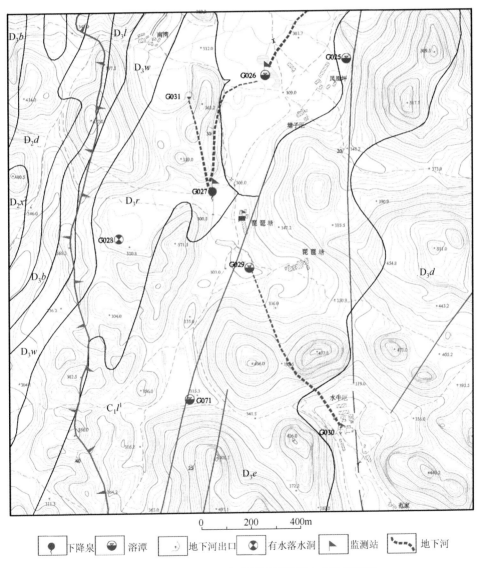

图 2-19　多级排泄地下水监测站试验场水文地质简图

图2-20　F9逆断层挤压变形露头

图2-21　G027琵琶塘岩溶下降泉

图2-22　G029琵琶塘消水洞

图2-23　G030水牛厄地下河出口

　　为研究塘子厄G026溶潭与G027琵琶塘岩溶下降泉，以及水牛厄地下河出口之间的水力联系，开展多次示踪试验。2011年10月在G026投放24.5kg钼酸铵，Mo^{6+}实际投放的离子数量为13.0536kg。G027和G030的Mo^{6+}背景值的均值分别为0.002 75mg/L和0.000 8mg/L（图2-24、图2-25）。

　　示踪试验结果表明G026—G027段以管道介质为主，其中可能发育有1条主管道和4条支管道，并存在3个溶潭。从图2-24中可以看出，出现了5个峰值，其中第一峰值浓度最高，为主管道，出现时间也最早，因此主管道中的水流最先到达G027监测站，其他4个峰值各代表相应的支管道，其出现时间的前后，代表了各支管道水流到达接收点的顺序，产生多个峰值的原因主要是4支条管道的弯曲程度，宽窄和长短各不相同，导致示踪剂在4条支管道中运移的时间不同，到达G027监测站的时间也不一致。对比3处浓度变化缓慢段所经历的时间可以看出，主管道上的溶潭规模最小，第三支管道上的溶潭规模居中，而第四支管道上的溶潭规模最大。

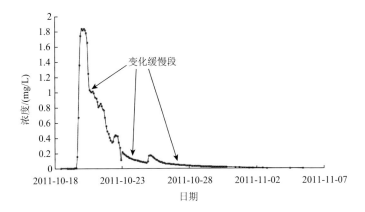

图 2-24 G027 监测站 Mo^{6+} 质量浓度变化过程曲线

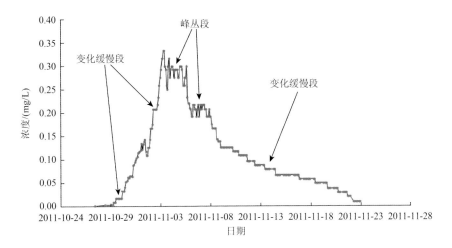

图 2-25 G030 监测站 Mo^{6+} 质量浓度变化过程曲线

G030 监测站 Mo^{6+} 在 11 月 1 日 10 时达到前锋值 0.142mg/L，随后 Mo^{6+} 浓度在 11 月 3 日 6 时～5 日 14 时和 6 日 6 时～8 日 0 时这两个时间段内，开始震荡式波动，形成了稳定的夷平"峰丛"段，震荡波动过后，浓度开始缓慢下降，于 11 月 22 日 22 时回到背景值（图 2-25）。前锋值的出现说明了在夷平"峰丛"段出现之前，有一部分水流从主水流分离出来，经过另一支管道，比主水流率先到达 G030 监测站。而随后出现两段夷平"峰丛"则反映出另有两条规模较大的管道从 G027 通向 G030，且管道内部与构造裂隙并联相接。形成夷平"峰丛"的原因是 G027—G030 段地下水水力坡度较小，构造裂隙较为发育，形成了管道流与溶蚀裂隙流交织而成的网状地下水系，在此类地下水系中，由于在管流运移的过程中，有数量众多的裂隙流与之并联相接，加之管流本身所携示踪剂较多，而裂隙流短而小所携示踪剂较少，故产生了一系列的小波峰，且波峰基座较高，又因为裂隙流中的示踪剂浓度相对较均匀，故形成了"夷平"峰丛状示踪曲线。曲线中还有一些浓度变化缓慢段，如 10 月 29 日 12 时～30 日 2 时和 11 月 2 日 6～14 时，浓度变化缓慢，推测存在溶潭。而 11 月 8 日 4 时之后出现了大量的浓度平缓段，反映出可能有大量的溶潭串联在一起。总体来说 G027—G030 段以管道介质和裂隙介质为主，其发育有三条管道、大量构造裂隙和若干个溶潭。

六、岩溶天窗与地下河出口监测站

图 2-26 为岩溶天窗与地下河出口监测。补给区接受 G037 集中注入式补给，通过岩溶管道介质流向地下河出口。其中 G037 表示岩溶天窗，其底部圆形状，直径约 5m；地面村级公路高程 263.5m；监测到的最高水位 269.75m（图 2-27），ZK08、ZK07 监测管道内水位动态。G037—ZK08—ZK07 距离分别为 1250m 和 800m，水位差最大达到 90m，平均相差 64.6m，管道介质中水力坡度较大。而中游水位动态变化最大，丰水期与枯水期水位差 44.8m，管道介质水位受降雨影响较大，表现为突涨突落，受上游补给及落水洞、天窗、管道形态的影响，中游水位动态变化尤为剧烈，可能原因是中游地区汇集上游其他溶洞或裂隙来水，且管道水力坡度大，相对补给径流量来说通道狭小而形成地下水淤塞，因此水位变幅较大。G037 和 ZK07 所处的地下河入口、出口区域地下水水力坡度相对平缓，存在溶潭、洞穴等大型储水空间，岩溶发育强，调蓄空间大，表现出水位相对平稳（易连兴等，2010）。

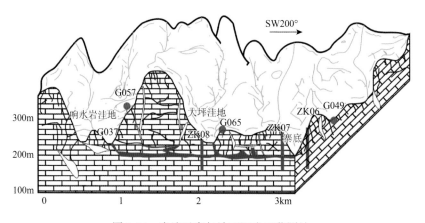

图 2-26　岩溶天窗与地下河出口监测站

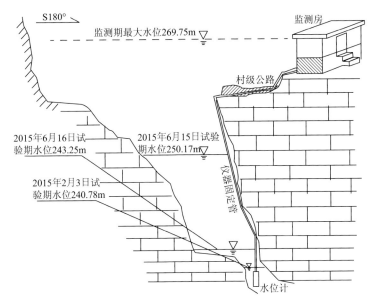

图 2-27　G037 天窗结构及连通试验期水位示意图

第三章　水动力及水化学动态特征

第一节　不同类型含水介质地下水动态特征

一、洞穴型含水介质地下水动态特征

洞穴型含水介质地下水水位动态特征是对大雨以上级的降雨响应敏感，在大雨前后水位呈现陡升陡降的特征，易出现较高峰值，而对大雨以下级的降雨则响应较差，水位曲线变化不明显，典型代表为G011天窗。该类介质的地下水补给、径流、排泄的途径通畅，对大气降水的响应在数十分钟内就能体现。G011天窗地下水水位动态与降雨响应关系见图3-1。

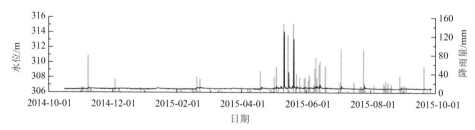

图3-1　G011天窗地下水水位动态与降雨响应关系

二、岩溶管道型含水介质地下水动态特征

岩溶管道型含水介质表现为剧烈震荡为主，受降雨影响非常明显，对中雨以上级的降雨响应敏感，地下水水位对大气降水的响应在数十分钟内就能体现，水位呈快速上升和快速衰减形态，典型代表为钻孔ZK07，该类介质的地下水补给、径流、排泄的途径通畅。钻孔ZK07地下水水位动态与降雨响应关系见图3-2。

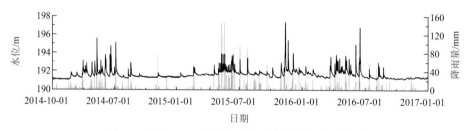

图3-2　钻孔ZK07地下水水位动态与降雨响应关系

三、溶蚀缝型含水介质地下水动态特征

溶蚀缝型含水介质地下水动态特征是对中雨以上级别的降雨响应敏感，在降雨前后呈现陡升缓降的形态，且水位变幅较大，典型代表为钻孔 ZK13。该类介质的地下水补给、径流、排泄的途径较通畅，对降水响应滞后时间为 0.5～1h。钻孔 ZK13 地下水水位动态与降雨响应关系见图 3-3。

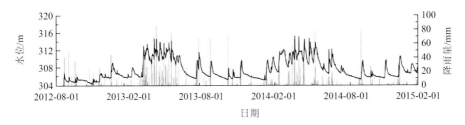

图 3-3　钻孔 ZK13 地下水水位动态与降雨响应关系

四、岩溶裂隙型含水介质地下水动态特征

岩溶裂隙型含水介质地下水动态特征是对小雨以上级别的降雨响应敏感，在降雨前后呈波动锯齿形的形态，整体水位变幅较小，典型代表为钻孔 ZK22。该类介质的地下水补给、径流、排泄的途径的通畅性一般，对降水响应滞后时间在 1h 内。钻孔 ZK22 地下水水位动态与降雨响应关系见图 3-4。

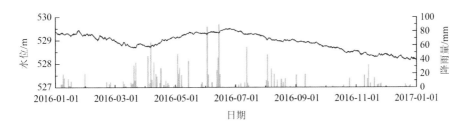

图 3-4　钻孔 ZK22 地下水水位动态与降雨响应关系

五、基岩裂隙型含水介质地下水动态特征

在东部甘野洼地碎屑岩区，布置了一个监测孔 ZK15，孔深 60m，揭露地层

为信都组，岩性为薄—中层砂岩、粉砂岩，基岩裂隙发育，地下水动态与大气降水也呈明显关系，但动态曲线不呈激烈锯齿形，而是以缓慢上升、缓慢衰减形态。碎屑岩区监测孔 ZK15 与 ZK14 位于甘野同一个洼地，两者距离约 300m，ZK15一带的地下水向 ZK14 径流，但 ZK15 位于两种岩性接触带灰岩区一侧，地下水动态则出现两种不同的动态特征。钻孔 ZK15 地下水水位动态与降雨响应关系见图 3-5。

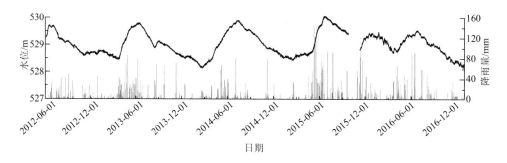

图 3-5　钻孔 ZK15 地下水水位动态与降雨响应关系

六、水位对大气降水的响应

地下水水位响应时间通常在数小时内，日降雨量与水位动态为同步响应关系，即当天下雨，当天水位或流量就出现对应的变化。为更精确地说明海洋—寨底地下河系统对大气降水的响应速度，以 2016 年 8 月 5 日的 ZK07、G037 动态为例加以详细说明。其中 8 月 5 日降水 54.7mm，6 日降水 0.4mm，监测孔 ZK07 距离地下河出口 G047 约 50m，响水岩天窗 G037 位于地下河下游，距离出口 G047 约2250m。2016 年 8 月 5 日 15 时、16 时、17 时、18 时分别降水 14.9mm、17.7mm、12.1mm、5.7mm，响水岩天窗、ZK7 监测孔水位在 16 时 10 分开始上升，距 15时开始降水的滞后时间为 1h10min。天窗 G037 在 8 月 5 日 23 时 20 分达到最高水位 242.42m，距开始下雨的滞后时间为 8h20min，高水位 242.42m 维持 30min 至23 时 40 分，水位开始衰减下降。在地下河出口，ZK07 比天窗 G037 晚 40min 达到高水位，即 9h 后（6 日 0 时）出现高水位 191.86m，该水位维持了 40min，6日 0 时 40 分后水位衰减下降（图 3-6）。

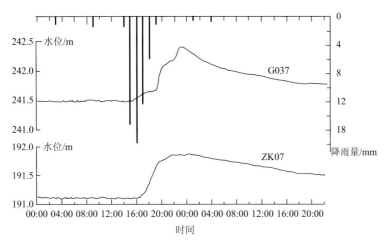

图 3-6　2016 年 8 月 5～6 日小时降雨量与水位动态关系

第二节　地下河出口和泉水流量动态变化特征

一、东究地下河出口流量动态

东究地下河出口流量变化大，随大气降水变化而变化，根据 ZK11 水位动态特征，出口水位在降水后 0.5～1h 内水位就出现响应，在数小时内可出现最大水位峰值，出口流量与 ZK11 水位及出口监测段面的水位为同步关系，流量也在数十分钟内产生变化，同时也在数小时内达到流量峰值，因此，流量变化在日流量与日降雨量动态图上几乎表现为同步关系。

2014～2016 年，东究地下河出口最小流量为 16.42L/s（2014 年 12 月 29 日），最大流量为 8.63m³/s（2015 年 5 月 11 日），年内流量变化系数为 525.58。

以 2016 年为例，全年径流量 $0.22 \times 10^8 m^3$，其中丰水期、平水期、枯水期径流量分别为 $0.14 \times 10^8 m^3$、$0.05 \times 10^8 m^3$、$0.03 \times 10^8 m^3$。丰水期排泄的流量占全年的径流量的 63.63%，平水期径流量占全年径流量的 22.72%，枯水期径流量占全年的 13.65%。

二、大税表层岩溶泉流量动态

作为研究区内表层岩溶泉的典型代表，大税表层岩溶泉的流量随大气降水变化而变化，降雨前后流量陡升缓降，枯水期不断流，但流量极小，流量与降雨量的变化为同步变化关系，在降水后 0.5h 内流量就开始变化，在 1h 内可出现最大流量峰值。

2014～2016 年,大税表层岩溶泉最小流量为 0.01L/s(2015 年 1 月 2 日),最大流量为 0.02m³/s(2015 年 7 月 25 日),年内流量变化系数为 2000。

三、寨底地下河出口流量动态

寨底地下河出口流量变化大,随大气降水变化而变化,根据 ZK07 水位动态特征,出口水位在降水后几十分钟水位就出现响应,在数小时内可出现最大水位峰值,出口流量与 ZK07 水位及出口监测段面的水位为同步关系,流量也在数十分钟内产生变化,同时也在数小时内达到流量峰值,因此,流量变化在日流量与日降雨量动态图上几乎表现为同步关系。

2014～2016 年,寨底地下河出口最小流量为 29.0L/s(2015 年 1 月 3 日),最大流量为 22.13m³/s(2015 年 7 月 26 日),年内流量变化系数为 763.1。

以 2016 年为例,全年径流量 0.42×10⁸m³,其丰水期、平水期、枯水期径流量分别为 0.29×10⁸m³、0.09×10⁸m³、0.05×10⁸m³。丰水期排泄的流量占全年的径流量的 68.31%,平水期径流量占全年径流量的 20.85%,枯水期径流量占全年的 10.84%。

寨底地下河出口流量变化大,随大气降水变化而变化,年度降雨量统计表见表 3-1。根据 ZK07 水位动态特征,出口水位在降水后几十分钟水位就出现响应,在数小时内可出现最大水位峰值,出口流量与 ZK07 水位及出口监测段面的水位为同步关系,流量也在数十分钟内产生变化,同时也在数小时内达到流量峰值,因此,流量变化在日流量与日降雨量动态图上几乎表现为同步关系。

监测到的最枯流量为 53.4L/s,2013 年 4 月 30 日出现当年最大流量为 22.25m³/s,2014 年 5 月 11 日,出现最大流量 22.93m³/s,年内流量变化系数为 429.4。以 2013 年为例,全年径流量 3582.03×10⁴m³,其中枯水期、平水期、丰水期径流量分别为 306.28×10⁴m³、543.30×10⁴m³、2732.45×10⁴m³。丰水期排泄的流量占全年的径流量的 76%,枯水期径流量仅占全年的 8.55%,平水期径流量占全年径流量的 15.17%。2013 年 3 月～2014 年 2 月降雨量表见表 3-2,地下水排泄量表见表 3-3。

表 3-1 海洋—寨底地下河年度降雨量统计表　　(单位:mm)

雨量站	2009 年	2010 年	2011 年	2012 年	2013 年	2014 年	2015 年
响水岩站				1638.1	1717.30	1248.20	1424.50
寨底站				1750.60	1590.60	1167.70	1503.20
大税				1630.50	1679.80	1371.90	903.60
海洋气象站	1416.5	1635.6	1059.2	1500.4			

表 3-2　2013 年 3 月～2014 年 2 月降雨量表　　　（单位：mm）

	项目	响水岩	寨底	大税	平均值
丰水期	4～8 月	1146.50	1057.80	1135.80	1113.37
平水期	3 月、9 月、10 月	298.60	312.80	282.00	297.80
枯水期	11 月、12 月，次年 1 月、2 月	267.20	214.30	253.50	245.00
	全年	1712.30	1584.90	1671.30	1656.17

表 3-3　地下水排泄量表

计算内容及参数	枯水期	平水期	丰水期	全年合计
时间段 T/d	120	92	153	365
降雨量 P/mm	245	297.8	1 113.4	1 656.2
占年降水量百分比/%	14.79	17.98	67.23	
整个流域面积 S/km^2	33.5	33.5	33.5	33.5
地下河出口 G047 径流量/m^3	3 062 804	5 432 990	27 324 528	35 820 322
占年径流量百分比/%	8.55%	15.17%	76.28%	

四、流量对大气降水的响应

地下水流量响应时间通常在 1～3h 内，日降雨量与流量动态为同步略滞后响应关系，即当天下雨当天流量就出现对应的变化，为更精确说明系统流量对大气降水的响应速度，这里以地下河总出口 G047 的流量为例进行说明。2015 年 5 月 2 日 1 时、2 时、3 时、4 时和 5 时的降雨量分别为 0.2mm、50.4mm、13mm、2.6mm、0.2mm。G047 的流量于 5 月 2 日 2 时 18 分开始上升，距开始降水的滞后时间为 1h13min，随后流量逐渐增大，到 9 时 29 分达到最高流量 5.63m^3/s，距开始下雨的滞后时间为 8h24min，高流量维持了 38min 后衰减下降（图 3-7）。

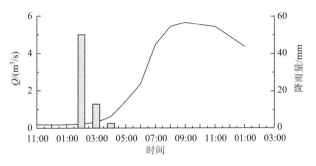

图 3-7　2015 年 5 月 1～2 日小时降雨量与流量动态关系

五、地下水水位动态季节变化特征

地下水水位与大气降水密切相关，丰水期水位高、枯水期水位最低。在海洋谷地，ZK02～ZK04 监测孔，水位在枯水季节 11 月至次年 2 月最低，其中 4～5 月，水位快速上升，5～8 月处于高水位小幅度震荡，9～12 月，水位主要呈缓慢衰减形态，1～2 月水位处于低位小幅震荡（图 3-8）。这种特征在东宄子系统上游碎屑岩裂隙水监测孔 ZK15，由于没有锯齿状可显得季节性变化更为明显。

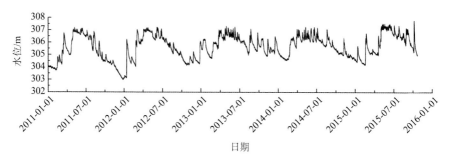

图 3-8　ZK02 监测孔水位季节性动态变化

第三节　地下河流量变化特征分析

一、泉流量变异性分类

泉作为天然地下水源，在全球各地区的稀缺性或富水性不同，对其理解和认知程度也存在差异，因而，以平均流量对泉进行分类还受地理因素控制，Meinzer（1923）提出的分类方案（表 3-4）如今仍作为首选参考观点。

岩溶泉流量统计通常符合对数正态分布，如无其他流量参数，仅按平均流量对泉进行分类毫无意义。几次大规模的洪水过程即可决定平均泉流量，而其他多数时期的泉流量可能较小，甚至干涸。很多国家根据最小泉流量进行分类（Kresic，2007），但最大泉流量值有利于岩溶水文过程的模拟（Bonacci，2001）。评价泉流量的变化对评估泉水开发潜力的可靠程度极为重要。在研究周期内，根据泉流量监测数据确定流量的变异性。泉流量变异性分类可确定低水位期间的流量变化趋势，与年平均流量相结合，可对年总流量进行分类评估。泉流量变异性也能评估区域水文地质过程和含水层的水力特征，泉流量的变异性越高，表明含水层的导水性越强，地下水系统对补给过程的响应就越迅速。

表 3-4　根据年平均流量的岩溶泉分类

泉流量规模	年平均流量/(L/s)
一级	>10 000
二级	1 000～10 000
三级	100～999
四级	10～99
五级	1～9
六级	0.1～0.9
七级	0.01～0.09
八级	<0.01

对寨底地下河出口（G047）2016 年 1 月 1 日～2017 年 12 月 31 日两个日历年的长期动态观测结果进行分析，共采集 17 384 组数据，统计表明两年内算术平均流量为 874.36L/s，最小流量 29L/s，最大流量 23 885.41L/s，中位流量 309.83L/s，标准偏差值为 1 806.48。根据 Meinzer 泉流量划分标准，海洋—寨底地下河出口属于三级岩溶泉（地下河出口）。

目前泉流量变异性分类以常规流量观测的统计参数为基础，最简单的是泉流量的最大值与最小值之比（Q_{max}/Q_{min}），可定义为变异指数 I_v 表示。

$$I_v = \frac{Q_{max}}{Q_{min}}$$

变异指数 I_v>10 时，为流量极不稳定泉；I_v<2 时，则为常态泉或稳定泉。按照变异指数可将泉的可靠性划分为不同等级。根据变异指数对泉流量可靠程度分级见表 3-5（Netopil，1971）。

斯洛伐克水文研究所以最大流量和最小流量对比为基础，根据泉流量变异性提出了以变异指数 I_v 表示泉流量的稳定性。很显然，观测时间越长，越能记录极端水文过程，如大洪水和长期干旱等，并相应地将泉重新划分为"可靠性较低"等级。斯洛伐克水文研究所根据变异指数对泉流量稳定性的分级见表 3-6。

表 3-5　根据变异指数对泉流量可靠程度分级

可靠程度	I_v
出色的	1.0～3.0
极好的	3.1～5.0
好的	5.1～10.0
中等	10.1～20.0
差	20.1～100.0
极差	>100.0
暂时性泉	∞

表 3-6　斯洛伐克水文研究所根据变异指数对泉流量稳定性的分级

泉流量稳定性	I_v
稳定	1.0~2.0
不稳定	2.1~10.0
极不稳定	10.1~30.0
完全不稳定	>30.0

根据变异指数计算公式计算出海洋—寨底地下河系统总出口变异系数为

$$I_v = \frac{Q_{max}}{Q_{min}} = \frac{23885.41}{29} = 823.6348276$$

由此可得 $I_v > 10$，为流量极不稳定泉（地下河出口），流量可靠程度极差，极不稳定。

采用流量时间序列的其他统计参数，可以降低外部极端因素对泉的分类的影响。对于流量变幅极大的典型岩溶泉来说，简单的流量算术平均是"最糟糕的表达参数"，该值仅强调了每年发生数次的大流量。采用中位值及其他参数更能反映岩溶泉流量变异情况。Meinzer（1923）提出了采用百分率来表示的泉流量变异参数 V：

$$V = \frac{Q_{max} - Q_{min}}{\Phi} \times 100\%$$

其中，Q_{max} 和 Q_{min} 分别为记录的最大流量和最小流量；Φ 为泉流量的算术平均值。如果 $V < 25\%$，则认为该泉为流量稳定；$V > 100\%$，则为变化泉。

寨底地下河出口泉流量变异参数 V 为

$$V = \frac{Q_{max} - Q_{min}}{\Phi} \times 100\% = \frac{23885.41 - 29}{874.36} \times 100\% = 27.28 > 100\%$$

根据上述方法评价得寨底地下河出口流量极不稳定，属于变化泉。

泉流量变异系数（SVC）是以超过 10% 和超过 90% 的流量比值来表示；泉流量变差系数（SCVP）以流量标准偏差和算术平均值为基础。

$$SVC = \frac{Q_{10}}{Q_{90}}$$

其中，SVC 为泉流量变异系数；Q_{10} 为超过总时间 10% 的流量；Q_{90} 为超过总时间 90% 的流量［详见流量历时曲线（FDC）超出流量的定义］。Meinzer（1923）、Netopil（1971）、Wallace（1994）根据 SVC 值（Flora et al.，2004）进行泉流量分类。斯洛伐克技术标准 STN 751520 根据 Q_{max}/Q_{min} 比值（变异指数 I_v）和 SVC（Q_{10}/Q_{90}）定量表示了"泉流量的稳定性"。Flora 等（2004）提出了 SCVP，按下式计算。

$$SCVP = \frac{\sigma}{\Phi}$$

其中，SCVP 为泉流量的变差系数；σ 为泉流量的标准偏差值；Φ 为泉流量的算术平均值。表 3-7 为以泉流量变异系数（SVC）的泉流量分类（Flora et al.，2004），表 3-8 为以变异指数（I_v）或泉流量变异系数（SVC）的泉流量稳定性分级，表 3-9 为以变差系数（SCVP）的泉流量分类（Flora et al.，2004；Springer，2008）。

表 3-7　依据泉流量变异系数（SVC）的泉流量分类

泉流量的分类	泉流量变异系数（SVC）
稳定	1.0～2.5
平衡较好的	2.6～5.0
平衡的	5.1～7.5
不平衡的	7.6～10.0
极不稳定的	>10.0
暂时性的	∞

表 3-8　依据变异指数（I_v）或泉流量变异系数（SVC）的泉流量稳定性分级

泉流量的分类	SVC/I_v
极稳定	1.0～3.0
稳定	3.1～10.0
不稳定	10.1～20.0
非常不稳定	20.1～100.0
极不稳定的	>100.0

表 3-9　依据泉流量变差系数（SCVP）的泉流量分类

泉流量的分类	泉流量变差系数（SCVP）
低	0～49
中等	50～99
高	100～199
极高	>200

从寨底地下河出口流量历时曲线上可得 $Q_{10} = 1828.43\text{L/s}$，$Q_{90} = 66.60\text{L/s}$，

$$\text{SVC} = \frac{Q_{10}}{Q_{90}} = \frac{1828.43}{66.60} = 27.453672$$

泉流量变差系数为

$$\text{SCVP} = \frac{\sigma}{\varPhi} = \frac{1806.48}{874.36} = 2.066$$

寨底地下河出口 2016～2017 年流量统计及类型划分见表 3-10。

表 3-10　寨底地下河出口 2016～2017 年流量统计及类型划分

统计参数	统计值	评价	统计参数	统计值	评价
个数/个	17 384	三级	算术平均流量/(L/s)	874.36	三级
最小流量/(L/s)	29	极差/完全不稳定	变异指数 I_v	823.634 827 6	极差/完全不稳定
最大流量/(L/s)	23 885.41	流量极不稳定	泉流量变异参数 V	27.28	流量极不稳定
中位流量/(L/s)	309.83	极不稳定	泉流量变异系数 SVC	27.453 672	极不稳定
标准偏差	1 806.48	低	泉流量变差系数 SCVP	2.066	低

寨底地下河出口 2016～2017 年流量、降雨量历时曲线见图 3-9。

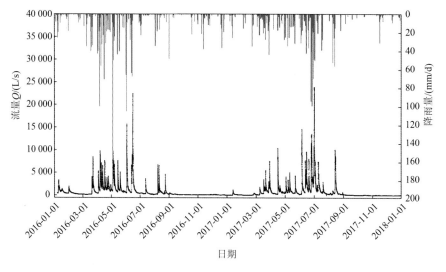

图 3-9　寨底地下河出口 2016～2017 年流量、降雨量历时曲线

二、寨底地下河出口流量历时曲线

　　流量历时曲线（FDC）反映了河流或泉流量观测的范围和变异性，曲线代表了指定位置流量超过某一流量值的时间占总观测时间的比例，一般以流量与不小

于该流量的时间百分比曲线表示。尽管流量历时曲线不能反映流量的时序，但仍可应用于很多研究。在过去的流量动态分类中，仅仅是将最小流量与最大流量对比来评价"流量稳定性"，而 FDC 能定量提供岩溶泉流量动态更为详细的基本信息。建立可靠的 FDC，需要足够长的泉流量常规观测数据，至少应覆盖一个水文年（包括补给期和流量衰减期），将流量时间序列数据从高到低进行简单排序，然后将数据绘成"超出流量的百分比"曲线。每个超出百分比的增量等于100%除以点数目（数据个数或观测次数），如果在一年内按照每天一次的常规观测，则有365 个观测数据，且数据自高向低排列，则第一个数据（最大值）的超出百分比为 1/365≈0.27%。第十二大的流量超出百分比则为 12/365≈3.29%，自最高流量起第 279 个流量值的超出百分比为 279/365≈76.44%。超出百分比可生成新的数据列，反映各流量的超出百分比。

FDC 可作为确定泉流量的参考曲线，如果流量值对应"50%的超出率"，则该流量值为流量中值；"70%的超出率"的流量值可能为 147L/s，并不代表 70%的时间里流量为 147L/s，而是在 70%时间里流量值≥147L/s。如果 20%超过率的流量值为 700L/s，流量较大，流量值≥700L/s 的时间占全年较小。如果 100%超过率的流量为 25L/s，代表了该泉的最低流量，毫无疑问，所有时间里该泉的流量都≥25L/s。

泉流量通常以 Q 表示，超出百分比以数字标注在 Q 的右侧，Q95 表示95%及以上时间里的流量值；Q50 等于流量中值，但平均流量 Qmean 或数据序列里所有流量的算术平均值主要取决于泉的剧烈和稳定程度，一般为 Q20～Q40；流量为Q0～Q10 一般是超高流量；Q0～Q1 代表极端洪水流量；Q10～Q70 代表了流量中值范围，而当自来水厂需水时，为确保地下供水稳定可靠，应考虑 Q70～Q100 的低流量值。

FDC 曲线向右，流量更低时，将关闭供水系统。当流量在 Q95～Q100 变化时，将面临干旱缺水。通常将流量超出百分比值置于表格中，泉流量观察值在超标百分比图表的两侧都有更为密集的分布比例（Q1，Q5，Q10，…，Q90，Q95，Q99），而这部分观察数据以 10%的步长来表示。

另一种表达流量超出值的方式是采用全年中超出某流量值的天数表示，即所谓的 M 天流量或低水位期间 M 天持续流量，如 300 天的超出值对应82.19%的超出率（ =300/365），或者 355 天超出值等于97.26%（ =355/365）。在统计学上，330 天流量表示泉流量在年内有 330 天大于等于该值。很多作者采用同样的方式以百分率表示超出值，如 Q90 代表 90 天的超出值，但我们应该谨慎了解作者对区分该值意义的态度。一般情况下，超过数字100 的流量超出值，如 Q300，显然是采用了 M 天流量的形式。

图 3-10、表 3-11 分别为寨底地下河出口的流量频率曲线图和流量超出率表，

由此可知，寨底地下河出口流量中值 Q50 为 225.24L/s，暴雨条件下的超高流量达 2414.16～7842.09L/s，极端流量＞7842.09L/s，一般情况下的流量为 122.43～2414.14L/s；在水资源评价过程中应使用 109.82～122.43L/s 作为设计的保证限制。FDC 的形状受含水层的水力特征、空间结构和补给范围的控制，该曲线可用于研究含水层特征，或者与其他泉进行对比分析。泉流量急剧变化的 FDC 坡度较陡，水流多数通过岩溶管道排泄；而 FDC 坡度较缓则表明地下储水性能较好，水流补给—排泄趋于平衡。

FDC 坡度的低端处反映了补给区永久储量的特征；低端的坡度平缓表明储水量大，而坡度较陡则表明水量可忽略。泉流量较大时，曲线上端坡度平缓，主要来自融雪水和储水量较大的表层岩溶泉，与沼泽地表水补给输入有关的泉也具有上述特征。

最好是采用历时数年至数十年的数千个数据建立 FDC，在 Excel 表格中，利用函数 PERCHENTILE 处理数据，无需将流量自高向低排序。首先，仅需引用所有流量值（《dataset》）的数据集字段；其次，以十进制格式输入 1 与超出值之差（如 0.7 代表 30%的超出率，0.95 代表 5%的超出率），如 PERCENTILE（《dataset》；0.8）代表 Q20，PERCENTILE（《dataset》；0.01）代表 Q99。

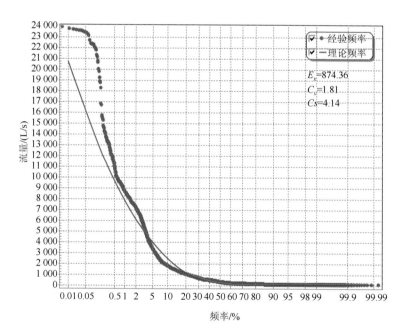

图 3-10　寨底地下河出口流量频率曲线图

表 3-11　寨底地下河总出口流量超出率　　　　（单位：L/s）

Q1	Q5	Q10	Q20	Q30	Q40	Q50	Q60	Q70	Q80	Q90	Q95	Q99
7842.09	3885.84	2414.16	1191.66	649.85	370.97	225.24	153.41	122.43	112.04	109.94	109.83	109.82

第四节　地下河系统水化学动态特征

一、典型监测站水化学动态变化

对寨底地下河出口 G047 进行了多年的长期水质自动监测，以 2012 年 11 月～
2013 年 11 月（2013 年度）和 2013 年 11 月～2014 年 11 月（2014 年度）水文年的
监测数据进行分析。

（一）地下水水温动态特征

2013 年度 G047 水温变化范围为 17.43～20.93℃，变幅 3.50℃，平均值为
19.35℃，中值为 19.62℃，标准差为 1.081。2014 年度地下水水温变化范围为 17.51～
21.19℃，变幅 3.68℃，平均值为 19.55℃，中值为 19.73℃，标准差为 1.132。对
比两个年度水温监测数据看出，2014 年度的地下水温度比 2013 年度稍高，平均
值高 0.20℃，中值也高 0.11℃。

图 3-11 为 2012 年 11 月～2013 年 11 月 G047 水温与水位变化图，从图中可
以看出，水温变化与水位（流量）变化不完全一致，12 月至次年 6 月地下水温度
低，7～11 月温度相对较高，在强降水期 5～6 月地下水温度并不高，因此，两者
之间关联度不明显。2012 年 11 月开始，地下水出口水温逐渐降低，由 19.98℃逐
渐降低至 2013 年 1 月最低值 17.43℃，后逐步升高至丰水期最高值 20.93℃，这主
要受当地气温变化控制。

（二）pH 动态特征

2012 年 11 月～2013 年 11 月 G047 pH 和水位变化图见图 3-12，2013 年总出口
pH 变化范围为 7.39～7.73，平均值为 7.59，中值为 7.58，标准差为 0.0721；2014 年
pH 变化范围为 7.52～7.87，平均值 7.712，标准差为 7.73，2014 年度 pH 较 2013 年
pH 高。

季节性变化特征，每年 pH 有低值、高值两个时间段，两个年度动态曲线的
pH 低值、高值时间段与枯水期、平水期、丰水期关系不是非常密切，但较低 pH

均出现在 8～11 月。2013 年 1～5 月为 pH 高值时间段，6～11 月为低值时间段；2014 年 3～8 月为 pH 高值时间段，其他月份为 pH 低值时间段。

　　pH 变化趋势与暴雨呈负相关特征；2013 年 4～6 月、2014 年 3～6 月均出现 4 个高水位波峰，对应的 pH 动态则表现为随水位上升急剧下降、水位衰减时又快速上升特征。这主要是因为寨底地区大气降水 pH 低，呈弱酸性，暴雨条件下，大气降水快速进入岩溶含水层，并快速在地下河出口排泄，与碳酸盐岩发生溶蚀反应的时间不充分，故而 pH 较低，反映大气降雨影响特征。

（三）TDS、电导率动态特征

　　电导率是物质待送电流的能力，与电阻率值相对应，以 uS/cm 或 mS/cm 表示。溶液的电导率等于溶液中各种离子电导率之和，如纯食盐溶液：

$$Cond = Cond(purewater) + Cond(NaCl)$$

　　总溶解固体量（total dissolved solids，TDS）用来衡量水中所有离子的总含量，通常以 ppm（1ppm = 1mg/L）表示。电导率和 TDS 的关系并不呈线性关系，但在有限的浓度区段内，可采用线性公式表示，例如：100uS/cm×0.5(NaCl) = 50ppm TDS。

　　纯水的电导率为 0.055uS（18.18MΩ），食盐的 TDS 与电导率换算系数为 0.5。所以，经验公式是：将以微西门子为单位的电导率折半约等于 TDS（ppm）。有时 TDS 也用其他盐类表示，如 $CaCO_3$（系数则为 0.66）。TDS 与电导率的换算系数可以在 0.4～1.0 调节，以对应不同种类的电解质溶液。水溶液的电导率直接和总溶解固体量浓度成正比，而且总溶解固体量浓度越大，电导率越高。

　　海洋—寨底地下河系统 TDS 与电导率相关曲线见图 3-13，TDS 与电导率呈线性相关。

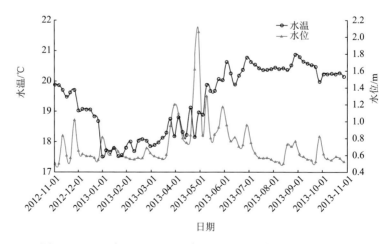

图 3-11　2012 年 11 月～2013 年 11 月 G047 水温与水位变化图

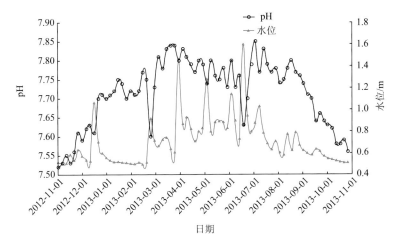

图 3-12　2012 年 11 月～2013 年 11 月 G047 pH 和水位变化图

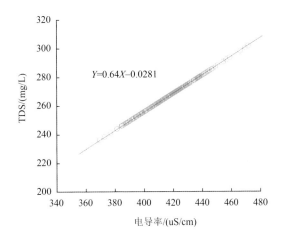

图 3-13　海洋—寨底地下河系统 TDS 与电导率相关曲线

2013 年 TDS 变化范围为 221.5～291.3mg/L，变幅 69.8mg/L，平均值 262.60mg/L，中值 263.0mg/L，标准差 11.31；2014 年 TDS 变化范围为 236.6～301.9mg/L，变幅 65.3mg/L，平均值 267.53mg/L，中值 269.3mg/L，标准差为 10.197（图 3-14）。

2013 年电导率变化范围为 346.1～455.1uS/cm，变幅 109uS/cm，平均值为 410.331uS/cm，中值为 411uS/cm，标准差 17.673；2014 年 TDS 变化范围为 369.7～471.7uS/cm，变幅 102uS/cm，平均值 418.05uS/cm，中值为 420.80uS/cm，标准差 15.932（图 3-15）。

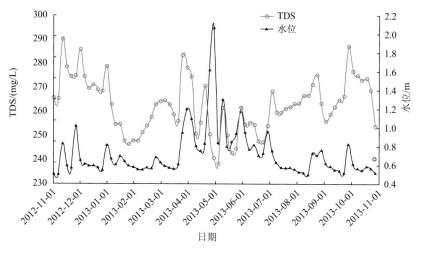

图 3-14　2012 年 11 月～2013 年 11 月 G047 TDS 动态变化图

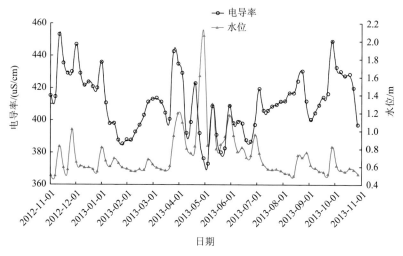

图 3-15　2012 年 11 月～2013 年 11 月 G047 电导率动态变化图

　　总溶解固体量（TDS）、电导率（SpCond）与总出口流量呈正相关，强降水期，TDS、电导率随水位上升而增大，随水位下降而减小。寨底地下河出口地下水的矿化度与水位呈逆相关关系，即雨季小、平水期中等、枯水期最大。一般而言，TDS、电导率与矿化度呈正相关关系，与水位呈逆相关关系；枯水期地下水径流速度慢，溶蚀作用充分，进入地下水中的 Ca^{2+}、HCO_3^- 数量多，TDS、电导率呈现高值；丰水期地下水径流量大、流速快，水岩作用时间短，地下水中的 Ca^{2+}、HCO_3^- 浓度低，TDS、电导率呈现低值。两个年度反应的特殊关系，TDS、电导率除与矿化度等密切相关外，与水体中其他动态特征如浑浊度、水体中输送的悬浮物或泥沙的关系有待研究。

（四）NO$_3^-$浓度动态变化特征

2013 年度，NO$_3^-$浓度变化范围为 0.3～4.3mg/L，变幅 4.0mg/L，平均值为 2.76mg/L，中值为 3mg/L，标准差 1.048。2014 年 NO$_3^-$浓度变化范围 2.50～49.50mg/L，变幅 47mg/L，平均值为 13.491mg/L，中值为 11.20mg/L，标准差 9.441。

NO$_3^-$浓度枯水期较高，2013 年 1～4 月和 2014 年 10～11 月两段时间，降雨量小，反映的是天然地质背景条件下 NO$_3^-$动态特征；其他时间段则受大气降水影响；2013 年 4 月后进入连续强降水，NO$_3^-$浓度从 4.0mg/L 下降到 1.5mg/L，大气降水起到稀释作用，7 月后，没有降水，NO$_3^-$浓度又逐步恢复到 3.5mg/L。

两个年度动态曲线均出现降水后 NO$_3^-$浓度随流量增大而增大，如 2013 年 6 月 30 日、2014 年 2 月 26 日、4 月 2 日等降水过程，短期降雨形成地表径流（坡面流），将人畜粪便冲刷进入地下河系统中，硝酸盐浓度增大（图 3-16）。

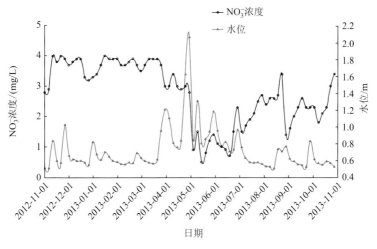

图 3-16 2012 年 11 月～2013 年 11 月 G047 NO$_3^-$浓度动态变化图

二、水化学空间变化特征

（一）pH 空间变化特征

海洋—寨底地下河系统 pH 具有明显的空间变化规律，丰水期、平水期、枯水期 pH 存在明显差异。丰水期、平水期、枯水期节取样数分别为 33 个、33 个、

31 个，基本包含了地下河系统内所有水点和监测孔，其中对东部甘野一带的碎屑岩区没有直接取样检测，而是在位于岩溶区与碎屑岩区接触带靠岩溶区一侧的水点或监测孔取样检测，在画等值线时，碎屑岩区的 pH 也用该区域的 pH 代替，实际上，碎屑岩区的裂隙水在整个年度中，均小于 6.0。全年 pH 变化范围为 6.22～8.30；从平均值看，丰水期最大，为 7.60；枯水期次之，为 7.43；平水期最小，为 7.28；不同取样点的 pH 差异丰水期最大，标准差 0.37，平水期、枯水期则相对较小分别为 0.17、0.10，反映出一些取样点受局部环境及其降水作用下的综合影响（表 3-12）。

表 3-12　海洋—寨底地下河系统 pH 统计表

期次	样品数量/个	全距	极小值	极大值	均值	标准差
丰水期	33	2.08	6.22	8.3	7.60	0.37
平水期	33	0.76	7.01	7.77	7.28	0.17
枯水期	31	0.38	7.26	7.64	7.43	0.10

丰水期 pH 分布特征，流域东部外源水补给区 pH 最小，呈弱酸性，该部分补给进入地下河系统后，与碳酸盐岩发生溶蚀作用，pH 逐渐升高。流域东部甘野以北区域，为 pH 最高分布区，中心区域为 8.3；因此，东究地下河 G032 同时接收 pH 高分布区和低分布区补给。北部区域钓岩 G016—水牛厄 G030、中南部响水岩天窗 G037 等两个区域 pH 稍低，呈弱碱性，主要受大气降水形成的地表产流直接补给影响。其他区域 pH 为 7.7～8.0。

平水期 pH 的分布与丰水期不同，全区以 7.2～7.3 分布面积最广，从最北部 G015 溶潭至中南部响水岩 G037 天窗皆属于该类型分布区；其中东部与碎屑岩接触带上 ZK14 的 pH 最高，为局部高 pH 分布区，最大为 7.77；地下河下游至出口 G047 区域 pH 为 7.3～7.4。

枯水期 pH 变化范围较小，整体上可划分为两个区域。中部至东南部稍高 pH 分布区，包括响水岩天窗 G037、大浮 G036、甘野 G053 等区域，pH 多为 7.50～7.60；其他区域为低 pH 分布区，pH 一般小于 7.3～7.4（图 3-17）。

（二）TDS 空间分布特征

TDS 又称溶解固体总量是指水中溶解组分的总量，它包括了水中的离子、分子及络合物，但不包括悬浮物和气体，它表明 1L 水中溶有多少毫克溶解固体。TDS 值越高，表示水中含有的溶解物越多。总溶解固体量可通过在 105～110℃ 下把水蒸干，对所得到的干涸残余物进行称重得到，其单位为 mg/L 或 g/L。除了可直接测定外，也可根据水质分析结果进行计算，方法是把所有溶解组分（溶解气体除外）的浓度加起来再减去 HCO_3^- 浓度的二分之一。

海洋—寨底地下河系统内 TDS 在年内的变化范围为 12.34～289.90mg/L，其中丰水期最小，平水期次之，枯水期最大，对应的 TDS 平均值分别为 200.51mg/L、217.37mg/L、239.27mg/L（表 3-13）。

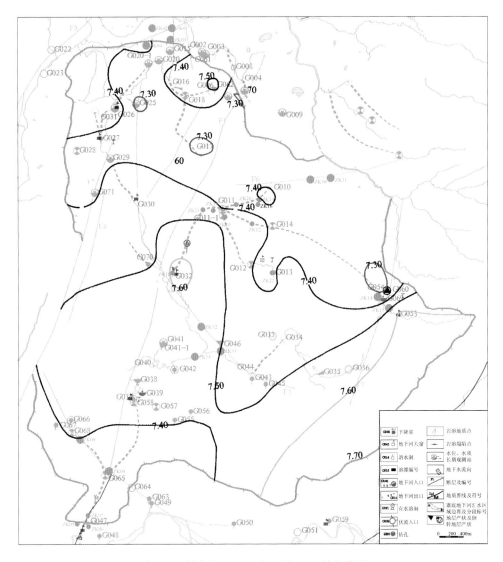

图 3-17　枯水期（2015 年 3 月）pH 等值线图

表 3-13　海洋—寨底地下河系统 TDS 统计值

期次	N	全距	极小值/(mg/L)	极大值/(mg/L)	均值/(mg/L)	标准差
丰水期	33	277.56	12.34	289.90	200.51	69.36
平水期	33	331.53	19.19	350.72	217.37	75.35
枯水期	31	317.54	19.87	337.41	239.27	73.82

TDS 分布特征第一类分布区，TDS 小于 40mg/L，包括东部大浮 G026—甘野 G053 一带，该区域为碎屑岩区，受其岩性控制，为研究区内最低 TDS 分布区。

第二类分布区，TDS 变化范围为 40～160mg/L，包括北部海洋谷地 G015 溶潭，ZK1、ZK2、ZK3、ZK4 等区域，该区域为地下水移动边界分布区，不存在远距离的地下水向该区域进行侧向补给，仅接收大气降水入渗补给后形成地下径流向南或北径流排泄，因此，岩溶作用时间短，从而导致地下水的 TDS 低，地下水在谷地中向南运移几百米后至溶潭 G019、G020 一带，TDS 则明显增大；从另一角度说明，在平坦的海洋谷地中 G015 一带划分出地下水分水岭是存在和合理的。

第三类分布区，TDS 变化范围为 160～210mg/L，其中以 180～195mg/L 分布更为广泛，从北部海洋谷地钓岩 G016、中部国清谷地 G070 和 G037 至南部地下河出口 G047 等区域均属于中等分布于 TDS 浓度分布区。

第三类分布区，TDS 介于 259.78～289.90mg/L；指大税洼地 G013、ZK22、ZK23、ZK24 区域，小税洼地 ZK12、消水洞 G014 区域两个洼地中埋深 60m 以上的浅层岩溶水或称局部上层滞水，其 TDS 值高，但深部地下水 TDS 低。如 ZK12，埋深 32m 时揭露岩溶管道和地下水，TDS 大于 270mg/L，当埋深 110m 时揭露另一层溶洞，上层水位消失，下层地下水的 TDS 小于 185mg/L。本区域高 TDS 的形成原因有待研究，从母岩考虑，本区域的桂林组 D_3g 地层岩性及主要化学离子含量与其他区域基本相同，为纯碳酸盐岩，没有明显差异；上层岩溶水汇水面积小于 1.0km^2，很显然，径流距离和岩溶作用时间应该很短，从这方面分析也不符合常规理论和经验等。

平水期、枯水期海洋—寨底地下河系统内 TDS 变化范围为 19.1～350.72mg/L，除局部水点外，其高、中、低值 TDS 空间分布规律与丰水期基本一致，东部碎屑岩区为最低值 TDS 分布区，北部海洋谷地边界地带为次级低值 TDS 分布区分布之一，大税洼地 G013、ZK23 及小浮洼地 G043 等为高或较高 TDS 浓度分布区；其他大部分区域为中等 TDS 浓度分布区。

在平水期、枯水期，豪猪岩天窗 G011、东究地下河出口 G032 区域变为次级低值 TDS 分布区，表明东究地下河在此阶段，主要接收碎屑岩区低值 TDS 的地下水的补给，具有较高 TDS 的岩溶区地下水补给量不占主导地位。

　　在枯水期 G017 天窗的 TDS 成区域内最高值，比大税洼地的 G013、ZK23 等稍高，这主要是由于 G017 天窗地下水径流缓慢，水岩交换时间长导致的（图 3-18）。

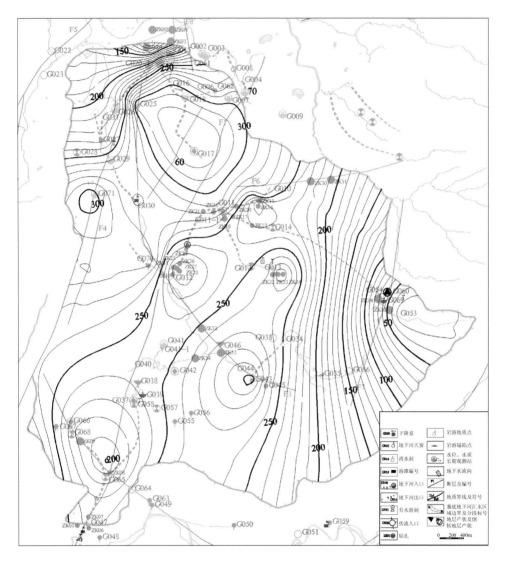

图 3-18　枯水期（2015 年 3 月）TDS 等值线图

　　从东部碎屑岩补给区 G053、东宄地下河径流排泄区 G011 和 G032，到国清谷地南端响水岩天窗 G037，最后到寨底地下河出口 G047，地下水的 TDS 逐渐增大，并总体上具有同步增大或减小的变化关系（图 3-19），且丰水期＜平水期＜枯水期，受大气降水控制明显。

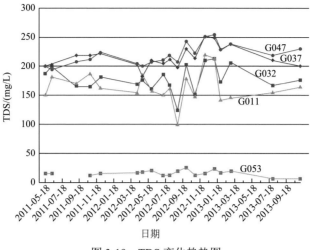

图 3-19　TDS 变化趋势图

（三）Ca^{2+} 浓度动态变化特征

水中 Ca^{2+} 主要来源于石灰岩、白云岩、石膏的溶解和含钙硅酸岩的风化，以及水—土壤的阳离子交换作用。岩溶区碳酸盐岩主要岩性为灰岩、白云岩，其主要矿物成分为方解石、白云石。地下水对碳酸盐溶蚀过程中，Ca^{2+}、Mg^{2+} 进入水中，成为岩溶水主要的阳离子。在岩溶区方解石、白云石的溶解反应如下：

$$CaCO_3 \Longrightarrow Ca^{2+} + CO_3^{2-}$$

$$CaMg(CO_3)_2 \Longrightarrow Ca^{2+} + Mg^{2+} + 2CO_3^{2-}$$

丰水期，Ca^{2+} 浓度范围为 1.79～113.50mg/L，平均值为 70.95mg/L，标准差为 28.89。东部碎屑岩基岩裂隙水 Ca^{2+} 浓度最低（G053 处浓度为 1.79mg/L），大税一带浓度最高（G013 处浓度为 113.50mg/L），由东往西 Ca^{2+} 浓度越来越大；北部高，南部低。

平水期 Ca^{2+} 浓度范围为 3.41～132.5mg/L，均值 77.19mg/L，标准差 30.19。空间分布与丰水期基本相同，大税地区为浓度最高点，从 G011 豪猪岩天窗—G032 东究地下河出口浓度逐渐升高，从补给—径流—排泄区浓度逐渐升高。同丰水期相比，平水期 Ca^{2+} 浓度比丰水期浓度高 10%。枯水期、平水期具有同样空间分布和时间演化规律，枯水期 Ca^{2+} 浓度检出范围为 2.19～123.90mg/L，均值 85.22mg/L，标准差 30.82。虽然最低浓度和最高浓度比平水期低，但是平均值比平水期高 10%，比枯水期高 20%（图 3-20、图 3-21）。

从地下河补给区（G053）到径流区（G011、G032、G037）到排泄区总出口（G047），Ca^{2+} 浓度逐渐升高，反映出地下水与碳酸盐接触时间越长、在碳酸盐岩分布区径流距离越长，地下水中 Ca^{2+} 浓度越高的基本特征（图 3-22）。

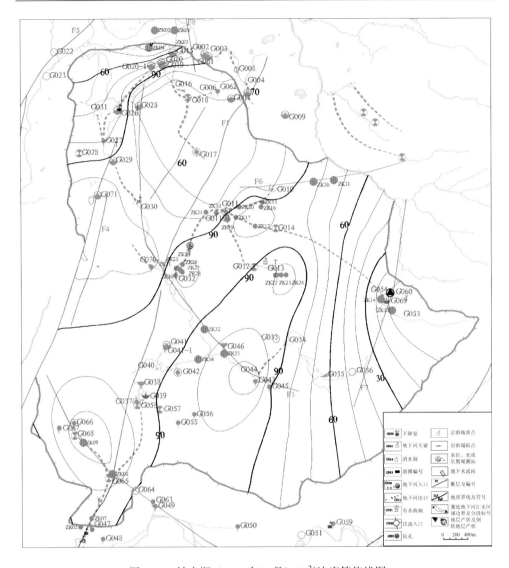

图 3-20　枯水期（2015 年 3 月）Ca²⁺浓度等值线图

　　大税洼地表层岩溶泉 G013，为地下河系统一个典型的地下水泉点，Ca²⁺浓度一直比同期的水点高，2011 年 5 月 18 日～2013 年 11 月 6 日共 18 次取样检测结果（表 3-14），最小值为 2012 年 4 月 9 日 79.38mg/L，最大浓度为 2012 年 10 月 29 日 127.41mg/L，平均浓度为 105.8mg/L。该地区含水层为桂林组 D₃g 中厚层灰岩，主要含水空间为岩溶裂隙；在桂林组中厚层灰岩（D₃g）其他分布区上发育的泉点、钻孔等水点，Ca²⁺浓度均没有此特征；其形成原因有待深入研究。

表 3-14   海洋—寨底地下河系统 Ca²⁺浓度统计表

期次	N	全距	极小值/(mg/L)	极大值/(mg/L)	均值/(mg/L)	标准差
丰水期	33	111.71	1.79	113.50	70.95	28.89
平水期	33	129.09	3.41	132.5	77.19	30.19
枯水期	31	121.71	2.19	123.90	85.22	30.82

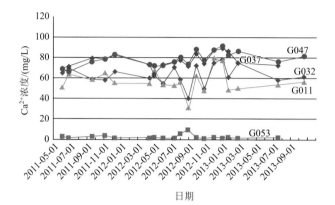

图 3-21   海洋—寨底地下河系统 Ca²⁺浓度趋势图

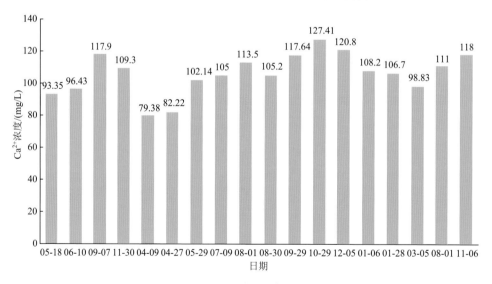

图 3-22   G013 表层岩溶泉 Ca²⁺浓度变化趋势图

（四）HCO_3^- 浓度动态变化特征

地下水中的 HCO_3^- 和 CO_3^{2-} 主要来源于碳酸岩、各种沉积岩、土壤中的碳酸盐胶结物和大气中的 CO_2 溶于水等。

海洋—寨底地下河系统内，不考虑具体数值，简单从高、中、低浓度划分及空间分布来看，丰水期、平水期、枯水期的 HCO_3^- 浓度分布均与同期的 Ca^{2+} 浓度分布一一对应且图形形态基本相同（图 3-23）。

丰水期 HCO_3^- 检出浓度为 8.66~329.26mg/L，均值为 212.35mg/L，标准差为 80.92。东部碎屑岩为 HCO_3^- 浓度低分布区；大税洼地 G013、小浮洼地 G043 为区域地下水 HCO_3^- 浓度最高分布区。北部海洋谷地补给区，西部、南部地下河出口等其他区域为 HCO_3^- 中等浓度分布区。

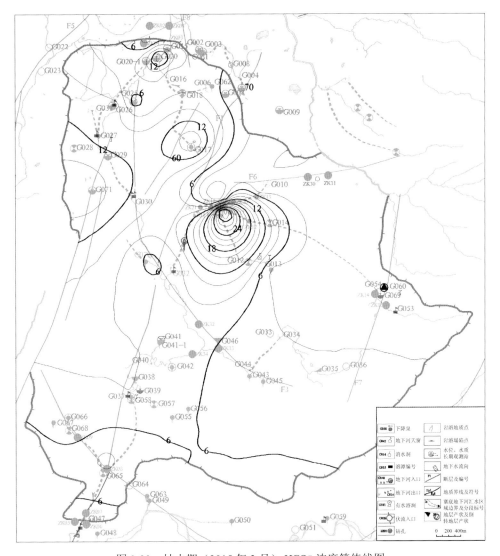

图 3-23　枯水期（2015 年 3 月） HCO_3^- 浓度等值线图

平水期检出浓度为 15.73～409.01mg/L，平均浓度值为 231.48mg/L，标准差为 89.12，检出平均浓度比丰水期高约 9.0%；枯水期检出浓度为 16.45～349.49mg/L，均值为 255.95mg/L，标准差为 89.12，检出平均浓度比枯水期高 10.5%（表 3-15）。

表 3-15　海洋—寨底地下河系统 HCO_3^- 浓度统计表

期次	N	全距	极小值/(mg/L)	极大值/(mg/L)	均值/(mg/L)	标准差
丰水期	33	320.60	8.66	329.26	212.35	80.92
平水期	33	393.28	15.73	409.01	231.48	89.12
枯水期	31	333.04	16.45	349.49	255.95	83.63

（五）总硬度动态变化特征

水的硬度反映了水中多价金属离子含量的总和，这些离子包括了 Ca^{2+}、Mg^{2+}、Sr^{2+}、Fe^{2+}、Fe^{3+}、Al^{3+} 等。与 Ca^{2+} 和 Mg^{2+} 相比，其他多价金属离子在天然水中的含量一般很少，因此天然水的硬度往往主要是由 Ca^{2+}、Mg^{2+} 引起的。硬度通常以 $CaCO_3$ 的浓度来表示，其数值等于水中所有多价离子毫克当量浓度的总和乘以 50（$CaCO_3$ 的当量），除此之外，硬度常用的表示方法还有德国度、法国度和英国度等。硬度可分为总硬度、碳酸盐硬度和非碳酸盐硬度。总硬度即是以 $CaCO_3$ 的浓度表示的水中多价金属离子的总和，也就是前面我们所说的硬度。碳酸盐硬度是指可与水中的 CO_3^{2-} 和 HCO_3^- 结合的硬度，当水中有足够的 CO_3^{2-} 和 HCO_3^- 可供结合时，碳酸盐硬度就等于总硬度；当水中的 CO_3^{2-} 和 HCO_3^- 不足时，碳酸盐硬度就等于 CO_3^{2-} 和 HCO_3^- 的毫克当量数之和乘以 50，即以 $CaCO_3$ 的浓度表示的水中 CO_3^{2-} 和 HCO_3^- 的总量。碳酸盐硬度通常被称为暂时硬度，因为这部分硬度可与水中的 CO_3^{2-} 和 HCO_3^- 结合，当水被煮沸时即可形成 $CaCO_3$ 沉淀而被除去。总硬度与碳酸盐硬度之差被称为永久硬度，指与水中 Cl^-、SO_4^{2-}、NO_3^- 等结合的多价金属阳离子的总量，水煮沸后不能被除去。

水的硬度对日常生活和工业用水都有一定的影响。如硬水可以与肥皂发生反应，减少泡沫的形成，降低洗涤效果。高硬度水在锅炉、热水管道容易形成水垢，增加燃料消耗，降低热效率，堵塞管道。近年来，人们还发现心血管疾病的发病率与水的硬度之间有负相关关系，即饮水的硬度愈低，心血管疾病的发病率愈高。

海洋—寨底地下河系统大部分区域属于微硬水，分布面积占 28.61km²，占 83.26%，甘野碎屑岩分布区属于极软水，面积 1.65km²，占 4.82%，甘野碳酸盐岩分布区和海洋乡海洋谷地北部地区属于软水，分布面积 2.48km² 和

0.33km²，占 7.24% 和 0.96%。黄土塘—钓岩地区属于硬水，分布面积 1.24km²，占系统面积 3.62%（表 3-16）。总的来说，海洋—寨底地下河系统水的硬度较低。

表 3-16　地下水总硬度划分及其分布面积

总硬度(CaCO₃)/(mg/L)	分类	分布面积/km²	占总面积百分比/%
<75	极软水	1.65	4.82
75～150	软水	2.81	8.20
150～300	微硬水	28.61	83.26
300～450	硬水	1.24	3.62
>450	极硬水		

丰水期海洋—寨底地下河系统总硬度范围为 6.91～289.51g/L，平均值 12.73mg/L，标准差 70.93。甘野地区地下水类型为非碳酸盐裂隙水，Ca^{2+}、Mg^{2+} 浓度较低，总硬度低。随着外源水进入岩溶含水层，水中溶解的 Ca^{2+} 逐渐增多，总硬度逐渐增大。地下河主径流带，由于地下水径流速度快，水-岩作用时间短，总硬度相对较低。大税洼地区域的上层滞水，硬度较高，显示出与区域趋势不一致的地方，有待深入研究。

平水期总的硬度较丰水期高，其范围为 12.81～338.15mg/L，平均值为 192.73mg/L，标准差为 70.93。其空间分布与丰水期基本一致，但平水期较丰水期增大 10%。枯水期也显示出同样的空间分布规律。总的来说，丰水期<平水期<枯水期（表 3-17）。

表 3-17　海洋—寨底地下河系统总硬度统计表

期次	N	全距	极小值/(mg/L)	极大值/(mg/L)	均值/(mg/L)	标准差
丰水期	33	282.60	6.91	289.51	192.73	70.93
平水期	33	325.34	12.81	338.15	208.15	75.35
枯水期	31	310.33	7.91	318.24	228.46	75.23

三、地下水水化学类型

地下水水化学常量组分以 Ca^{2+}、HCO_3^- 为主，Mg^{2+}、SO_4^{2-}、Cl^-、Na^+、K^+ 次之。按舒卡列夫分类，水化学类型以 HCO_3-Ca 型为主（占 87.18%）。东南部地区受外源水补给影响，水化学类型变为 $HCO_3 \cdot SO_4$-Ca·Mg 型（G053 甘野外源水），外源水进入含水系统后开始向研究区的中部流动，其影响范围也逐渐减小，沿着地下水流动方向，水化学类型总体上由 $HCO_3 \cdot SO_4$-$Ca \cdot Mg$ 型向 HCO_3-$Ca \cdot Mg$ 型、HCO_3-Ca 型过渡。ZK19 地下水化学类型为 HCO_3-NO_3-Ca，是因为 ZK19 旁为一消水洞，丰水期受化肥和人畜粪便的影响。整个研究区地下水矿化度均小于 300mg/L，属于低矿化度水。平水期地下水类型分布图见图 3-24。

图 3-24　平水期地下水类型分布图

除了外源水的影响外，人类活动和地层岩性也是影响水化学成分的重要因素。研究区的北部是海洋谷地，人口较为稠密，耕地面积较大，此处地下水为孔隙水，其 Cl^-、SO_4^{2-} 和 NO_3^- 的浓度较高，而随着地下水由北向南流动，人类活动逐渐减弱，Cl^-、SO_4^{2-} 和 NO_3^- 的浓度也逐渐降低。在白云质灰岩或白云岩的地区，由于水岩作用的影响，Mg^{2+}的比例明显增加，介于10%～15%，而在纯灰岩地区，Ca^{2+}的比例在90%以上，Mg^{2+}的比例则小于10%。对海洋—寨底地下河系统丰水期、平水期、枯水期化学成分统计结果见表3-18。

除ZK19、G015、G025采样点硝酸盐超标外，其他采样点均未超过地下水质量标准Ⅲ级标准，水质较好。比较7月、10月、次年3月各指标均值可以看出，$K^+ + Na^+$（增加25.67%、398.03）、Cl^-（15.52%、87.31）、Mg^{2+}（16.79%、0.62%）、SO_4^{2-}（18.0%、52.83%）、F^-（45.18%、373.75%）有明显增加的趋势，Ca^{2+}（1.65%、11.98%）、HCO_3^-（6.46%、18.63%）、总硬度（2.83%、11.09%）、TDS（5.76%、22.78%）有增加，但趋势不明显。

表 3-18　海洋—寨底地下河系统丰水期、平水期、枯水期化学成分统计

项目		极小值	极大值	均值	标准差	方差	偏度	峰度
7月 共39个样品	pH	6.220	8.300	7.609	0.359	0.129	−2.040	6.662
	$K^+ + Na^+$	0.260	8.990	1.932	2.090	4.367	2.011	3.515
	Ca^{2+}	1.790	118.700	74.509	28.327	802.424	−0.989	1.127
	Mg^{2+}	0.590	17.460	3.848	3.046	9.279	2.758	10.023
	Cl^-	1.020	12.710	2.687	2.218	4.920	2.951	10.816
	SO_4^{2-}	1.920	17.190	7.149	2.894	8.373	0.517	2.916
	HCO_3^-	8.660	350.920	223.480	81.890	6 705.989	−0.896	1.051
	F^-	0.040	7.000	0.602	1.871	3.502	3.302	9.387
	NO_3^-	0.180	66.700	6.988	11.556	133.549	4.210	21.080
	总硬度	6.910	311.530	201.914	70.947	5 033.533	−1.175	1.552
	TDS	12.340	307.900	209.079	68.811	4 735.007	−1.358	2.091
10月 共34个样品	pH	6.210	7.740	7.230	0.242	0.059	−1.880	9.566
	$K^+ + Na^+$	0.380	9.940	2.428	2.452	6.012	1.885	3.261
	Ca^{2+}	1.860	127.410	75.736	31.681	1 003.656	−0.881	0.406
	Mg^{2+}	0.660	20.150	4.494	3.444	11.861	3.061	12.669
	Cl^-	1.080	11.440	3.104	2.416	5.835	1.931	3.845
	SO_4^{2-}	2.280	19.390	8.436	4.005	16.042	0.812	1.037
	HCO_3^-	9.440	388.560	237.908	92.247	8 509.554	−0.943	0.731
	F^-	0.030	7.000	0.874	2.271	5.155	2.484	4.428
	NO_3^-	1.220	54.340	7.851	10.197	103.983	3.494	13.859
	总硬度	7.360	328.450	207.637	80.040	6 406.418	−1.040	0.781
	TDS	13.050	335.030	221.130	81.919	6 710.800	−1.109	0.892

项目		极小值	极大值	均值	标准差	方差	偏度	峰度
	pH	7.230	7.780	7.429	0.120	0.014	0.738	0.737
	K$^+$+Na$^+$	0.440	254.410	9.622	43.314	1 876.077	5.805	33.792
	Ca^{2+}	2.190	123.900	83.436	32.019	1 025.202	−1.151	0.826
	Mg^{2+}	0.590	15.600	3.872	2.837	8.048	2.467	7.787
	Cl$^-$	1.080	88.000	5.033	14.361	206.245	5.824	34.511
次年3月 共36个样品	SO$_4^{2-}$	2.530	56.350	10.926	8.566	73.383	4.435	23.684
	HCO$_3^-$	16.450	546.840	265.112	93.847	8 807.245	−0.189	2.517
	F$^-$	0.020	9.800	2.852	2.685	7.208	0.817	0.552
	NO$_3^-$	3.060	39.610	7.870	6.695	44.823	3.350	14.272
	总硬度	7.910	319.540	224.314	78.075	6 095.733	−1.325	1.299
	TDS	19.865	840.900	256.708	122.424	14 987.682	2.858	15.157

注：表中除pH以外，其他项目单位均为mg/L。

四、硝酸盐污染特征及其源解析

地下河系统里主要有硝酸盐污染，通过分析10个典型水点三氮和水样中硝酸盐氮氧同位素识别硝酸盐污染来源。7月7个水样NO$_3^-$浓度的变化范围是3.92～13.12mg/L，9月8个水样NO$_3^-$浓度的变化范围是1.63～22.96mg/L，11月9个水样NO$_3^-$浓度的变化范围是5.33～16.14mg/L。δ^{15}N值的变化范围是4.58‰～18.09‰，δ^{18}O变化范围是9.25‰～21.68‰。

氮在迁移过程中氮同位素发生分馏，氨气的挥发和反硝化作用，会使地下水与源区的δ^{15}N和δ^{18}O值出现差异，影响有效识别NO$_3^-$来源。通常，如果反应环境中没有大量NH$_4^+$积累，即不存在氨气挥发的可能性，并且氨气挥发是物理化学过程，能否发生反应受pH影响。一般情况下，水溶液中的NH$_4^+$转化为NH$_3$的pH为9.3，在此临界值下，pH增加有利于氨气挥发，本研究区所处的水环境值为7～8.5，因此氨气的挥发几乎不存在。

矿化作用和硝化作用具有较小的同位素分馏，它们所产生的NO$_3^-$的值与初始反应物的δ^{15}N基本一致。在本研究中，所有水样的NH$_4^+$均低于检测限。因此，在矿化和硝化作用中δ^{15}N，即可以表明地下水中NO$_3^-$的来源。

反硝化作用也会造成NO$_3^-$中氧同位素的分馏，结果使剩余反应物中NO$_3^-$-^{18}O富集。因此硝酸盐中δ^{18}O值的变化可以指示反硝化作用的发生，尤其是氮和氧双同位素结合技术可以成为判断反硝化作用发生的重要手段。国外众多研究资料表明，在反硝化作用发生的过程中，$\delta^{15}N$ 和 $\delta^{18}O$ 值呈线性变化，NO_3^- 中氮同位素和氧同位素分馏比为 1.3～2。作地下水 NO_3^--^{15}N 和 NO_3^--^{18}O 之间的线性关系图（图 3-25），由图可见 $\delta^{15}N$ 和 $\delta^{18}O$ 线性关系并不明显，且 $\delta^{15}N$ 和 $\delta^{18}O$ 值的比值并不是 1.3～2，另外，样品点不存在 $\delta^{15}N$ 值随 NO_3^- 浓度的减少而增加的趋势（图 3-26）。还有，由于反硝化作用多发生在厌氧环境中。因此，在识别是否存在反硝化作用之前应首先判断该研究区的地下水环境是否适宜反硝化作用的发生。通常判断地下水环境是否为厌氧环境主要是根据地下水中溶解氧（DO）的含量多少，根据所测发现研究区的 DO 值都超过 3mg/L，然而经前人研究发现在 DO 浓度小于 0.2mg/L 的条件下，反硝化速率是最理想的。在相关的野外调查研究中统计发现，地下水环境中反硝化作用的 DO 上限为 2.0mg/L。因此，可以证明所取水样在地下运移过程中并未发生反硝化作用（卢丽等，2014；王喆等，2014）。

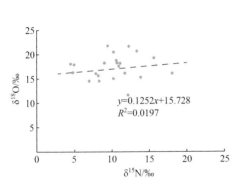

图 3-25　NO_3^--^{15}N 和 NO_3^--^{18}O 线性关系　　　图 3-26　$\delta^{15}N$ 与 NO_3^- 含量的关系

本研究区的 $\delta^{15}N$ 值能代表硝酸盐来源的 $\delta^{15}N$ 值。将所测得的数据投影于 NO_3^- 中氮氧同位素关系图上，它们在分布图上组成点分布比较集中在以动物粪便与污水、化肥和土壤有机氮污染的范围内（图 3-27），说明该研究区地下水中 NO_3^- 的来源从总体上来说不是单源的，而是多源的。

从氮迁移与氮同位素分馏机理也可证实研究区硝酸盐来源。因为固氮作用引起的同位素分馏非常小，研究区土壤有机氮非常丰富，特别是包气带中积累了大量的有机氮转化的 NO_3^-，被淋滤到地下水中的 NO_3^- 绝大部分是土壤有机氮转化形成的 NO_3^-。因此，土壤中的有机氮可能是研究区地下河中硝酸盐的一个主要来源；90%以上化肥氮同位素值范围是−4‰～4‰，其中硝态氮肥 $\delta^{15}N$ 值偏高，经调查发现该研究区主要施用的是复合肥，有时还会使用高 NO_3^- 含量的硝态氮肥。因此，化肥可能是研究区地下河硝酸盐的一个主要来源；工业污水中形成 NO_3^- 的氮同位素组成与化肥 NO_3^- 中的 N 具有相似性，且研究区还是有一些小型工业活动，生活

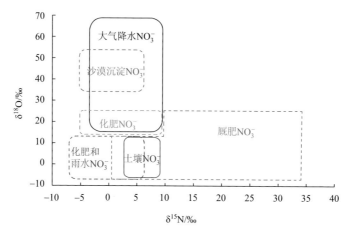

图 3-27　N 源的 $\delta^{15}N$ 和 $\delta^{18}O$ 的典型值

污水转化形成 NO_3^- 的氮同位素组成与天然土壤的 NO_3^- 中的 N 具有相似性。因此，污水可能是研究区地下河硝酸盐的一个主要来源；雨水中铵一般是主要的氮形态之一，由于挥发和洗脱过程使得 $\delta^{15}N$ 值偏负，而雨水中硝酸根含量低（研究区雨水中 NO_3^- 的平均含量为 0.3mg/L），氮同位素组成一般为 + 2‰左右，所以雨水中氮素不可能是研究区的地下河中硝酸根的主要来源。由此可以确定，研究区内硝酸盐的主要来源为动物粪便与污水、无机化肥及土壤有机氮。

第五节　地下水动态影响控制因素分析

（一）地下水位动态变幅

地下水位年变幅不具有规律性，在海洋—寨底地下河系统上游海洋谷地区域，年变幅在 4m 左右，为全区水位变幅最小区域。在地下河系统中部，东究地下河出口，变幅为 7.81m，到地下河系统中南部区域，变幅增大，ZK32、ZK33、ZK34 的变幅分别达 25.56m、16.62m、25.33m。下游段水位变幅 20.43m、40.36m，出口段变幅为 5.65m、6.53m（表 3-19）。

表 3-19　海洋—寨底地下河系统水位年变幅一览表　　　　（单位：m）

地段		监测站	最小值	最大值	变幅
海洋—寨底地下河系统从北至南水位变幅	北部海洋谷地	ZK02	302.94	315.50	12.55
		ZK03	303.64	308.05	4.41
		ZK04	303.35	307.60	4.24

续表

地段		监测点	最小值	最大值	变幅
海洋一寨底地下河系统从北至南水位变幅	中北部	ZK10	275.21	277.93	2.72
	中南部	ZK32	264.93	288.49	23.56
		ZK33	265.54	282.16	16.62
		ZK34	247.74	273.56	25.82
	下游段	G037	255.15	281.14	25.99
		ZK8	202.00	242.18	40.17
		ZK9	222.70	253.60	30.90
	寨底地下河出口	ZK5	190.91	203.18	12.27
		ZK6	191.06	196.46	5.40
		ZK7	190.42	197.40	6.98
东究子系统从东至西水位变幅	上游碎屑岩补给区	ZK15	527.39	530.03	2.65
	碎屑岩与岩溶区接触带	ZK14	508.30	514.10	5.80
	豪猪岩洼地	ZK17	291.64	294.63	3.00
		ZK20	293.04	294.55	1.51
	东究地下河出口	ZK11	275.34	282.87	7.53

　　海洋谷地地下水受琵琶塘断层等阻隔形成一个相对独立的地下水系统，其水位动态变化不受下游国清谷地等地下水动态影响，水位年变幅 3～4m。从地形上推测分析，在更早时期，该区域的地下水分水岭在琵琶塘一带，仅少量的地下水往南向水牛厄泉排泄，受溯源侵蚀和袭夺，伴随琵琶塘至水牛厄岩溶通道加大，分水岭往北推移至海洋谷地中部，构成海洋谷地地下水系统独立的动态变化特征。据此，可推测琵琶塘至水牛厄的岩溶通道发育到一定阶段，海洋地下水分水岭将向更北区域移动，海洋谷地地下水动态将逐步与下游一带动态保持一致。

　　国清谷地南端，即 ZK32—ZK34—G037 一带，整个海洋一寨底地下河系统的地下水均通过 G037 排泄，因此，谷地南端区域的地下水动态主要受天窗 G037 的管道结构、大小、径流排泄能力控制，在每年数次暴雨期间，从 ZK32—G037 一带全部受淹，形成高水位，降水停止后，补给减少，水位快速衰减，至枯水期，水位衰减至低位，导致年水位变幅大。

　　在地下河系统下游至出口段，即 G037—ZK08—ZK07—G047 段，水位年变幅大的原因与国清谷地南端水位变化大受 G037 天窗控制原理基本相同，推测在地下河出口及其附近存在一段管道，该段管道相对狭小、过水能力小导致淤塞，形成暴雨期的高水位，当然，不排除该段狭小管道段也是导致国清国清谷地南端巨大水位变幅的原因。

在东部东兖地下河子系统，从上游到东兖地下河出口，中间地段豪猪岩洼地水位变幅最小，水位变幅为 1.51～3.0m，在上游碎屑岩区与灰岩接触带、下游出口段年变幅均大于 5.0m。究其原因，ZK17 和 ZK20 所处的豪猪岩区域地下水水力坡度相对平缓，存在溶潭、洞穴等大型储水空间，上游和下游及出口地段，水力梯度大，在强降水期，受地下水强补给，且相对补给径流量来说通道狭小而形成地下水淤塞、水位快速上涨。

（二）地下水动态影响因素

1. 自然影响因素

地下水位动态在大气降雨、地表植被、地形地貌、地质构造、岩性、岩溶发育等自然因素的综合作用下，处于不停地变化之中。生态环境对岩溶地下水动态变化有一定的影响，不同的生态条件其地下水动态变化幅度、动态滞后时效则不同。随着旱地退耕还林，灌木丛、准森林的自然恢复与生态建设，除系统内局部有人为开垦种地外，海洋—寨底地下河系统范围内，植被覆盖百分率高，石漠化不明显。因此，从地下水动态表现特征分析，最重要的制约因素是大气降雨和岩溶发育特征（朱远峰等，1992；郭纯青，2004；裴建国等，2008）。

1）大气降水影响季节性动态变化特征

降水是研究区岩溶水补给唯一的来源，是引起岩溶地下水动态变化的最主要因素。降雨强度、降雨的方式不同，其岩溶地下水动态变化特征明显不同，一般是降雨强度越大，地下水动态变化幅度越大。降水年际变化对岩溶水年际动态变化影响也非常明显。

地下水水位、地下河流量年动态变化与降雨量呈明显的正相关，雨季普遍上升，旱季普遍下降，随着降雨量的峰谷变化，产生相应的"低—高—低"的季节性变化。

流量动态稳定性较差，动态多为剧变型；其动态变化幅度与降雨量、降雨强度密切相关，降雨强度越大，其动态变化幅度越大。场雨降雨量越大，地下河出口流量增长越大；降雨强度越大，其流量峰值消退时间就越长，流量动态滞后时间越短。

当年的 4～9 月为雨季，其降雨量占全年的 70%以上，地下水最高水位均出现在这个时段。最低水位出现在 1～2 月前后，最高水位出现在 7～8 月前后。尽管所研究的地下河系统，部分地区岩溶发育深度在 150～250m 埋藏深度，局部地区有一定厚度的第四系黏土覆盖，但由于岩溶强发育，岩溶地下水表现降水滞后现象不明显，总体以雨水水文动态型。海洋—寨底地下河系统汇水面积小，径流距离短，地下水动态对大气降水响应迅速。

2）岩溶发育及水文地质条件对地下水动态影响

不同的地形、不同径流区，岩溶地下水水位有不同的变化。地下水动态变化与岩溶发育特征、含水介质、水力梯度、主径流地段等水文地质条件密切相关。岩溶比较发育，岩溶裂隙之间水力联系较好地段，上下地下水位具有相类似的动态变化；岩溶发育较弱，与地下河水力联系不密切地段，水位与降雨、地下河流量关系不密切，地下水动态不受主径流地段的动态控制，不同地段具有独立的动态特征。

2. 人为影响因素

地下河系统中，人为的开采利用地下水，主要有分散性开采利用地下水解决当地人畜饮水、农灌用水问题，以及水利工程问题。

1）分散性开采对地下水位的影响

在地下河系统内，没有大型集中性地下水开发利用点，人为开采利用地下水多是当地村民直接引用岩溶泉、地下河排泄的地下水，特别以局部表层岩溶泉为主，在局部地区抽取地下水进行农业灌溉，上述生活用水、农灌用水等开采规模小对区域性地下水动态影响小。

2）水利工程对地下水动态影响

海洋—寨底地下河系统东北侧汇水区域，受地表水库和引水渠道的影响，改变了部分地下水和地表水径流方向，上述工程对地下水流量动态的变化产生了一定的影响。

第四章 地下河系统水动力场分析

第一节 地下水水力梯度分析

根据研究区 2014～2016 年枯水期平均监测水位数据，结合部分地下河进口、出口地面高程计算得到海洋—寨底地下河系统内部同地段的水力梯度。

一、东究地下河水力梯度

东究地下河子系统主要汇集东部地区豪猪岩洼地（ZK11）、大税洼地（ZK22）一带的岩溶水、甘野（ZK14）一带的碎屑岩裂隙水，除豪猪岩洼地外，地下水埋深较大。在甘野地下河入口 G054 高程 529.6m，布置有监测孔 ZK14，水位 511.6m，豪猪岩 G011 天窗水位推测为 303.60m，地下河出口 G032 高程 281.9m；G054—G011 径流距离为 2950.1m，水位差 208.0m，水力梯度为 70.51‰；G011—G032 径流距离为 1343.7m，水位差 21.70m，水力梯度为 16.1‰。

二、大浮地下河水力梯度

大浮地下河子系统汇集大浮洼地东侧碎屑岩区的孔隙裂隙水和大浮洼地南北两侧峰丛区的岩溶水，在大浮西南约 400m 洼地边缘地下河入口 G034 汇入地下，以集中管道形式向南西方向径流，在地下河出口 G044 排泄出地表，汇入地表河。地下河入口 G034 高程 329.5m，地下河出口 G044 高程 284.4m，水位差 45.1m，径流长度 673.6m，水力梯度为 66.95‰。

三、钓岩地下河水力梯度

钓岩地下河子系统主要汇集了黄土塘洼地、邓塘谷地南段的地下水向钓岩地下河出口径流汇集。在径流过程中形成较集中的径流管道。邓塘谷地南段的地下水埋深很浅，一般小于 1m，局部表现出沼泽湿地状，井泉多处可见。黄土塘洼地地下水埋深稍大，一般为几米到十几米。地下河上游入口 G006 高程为 311.0m，钓岩地下河出口 G016 高程 309.0m，高程差 2.0m，从 G006 点经 G018—G016 径流距离为 782.5m，水力梯度为 2.56‰。

四、海洋谷地—国清谷地—寨底地下河出口水力梯度

1. 海洋谷地小桐木湾溶潭 G015—水牛厄 G030 段

海洋谷地地形平坦，地下水埋深浅，为 0～4m，从北至南在 G015、G019、G026 等溶潭常年可见地下水水位，至琵琶塘村旁的 G027 泉排出地表后，地下水在琵琶塘谷地东南部 G029 再次补给地下，在下游国清谷地北端水牛厄 G030 泉再次排出。根据地形和地下水埋深，水力梯度细分为 3 段，总体表现为往南水力梯度增大：

小桐木湾（G015）—钓岩（G019）距离 245m，水位差 0.32m，水力梯度为 1.31‰；

钓岩（G019）—琵琶塘（G027）距离 1420.3m，水位差 6.65m，水力梯度 4.68‰；

琵琶塘（G027）—水牛厄（G030）距离 1136.7m，水位差 16.1m，水力梯度为 14.16‰。

2. 国清谷地水牛厄 G030 泉—响水岩 G037 天窗段

国清谷地内水位埋深 1～8m；该区域为海洋—寨底地下河系统的核心地带，国清谷地北部、东西两侧地下水均向谷地内汇集，地貌上为封闭型岩溶洼地区。从谷地上游 G030 开始，途经东究（G032）—国清村（ZK32）—小浮村（ZK34）—空连山村（G041），至谷地南端响水岩天窗 G037，径流距离 3403.5m，水力梯度为 10.90‰。

3. 响水岩 G037 天窗—寨底地下河出口 G047 段

该段为地下河主管道发育区，地下水、地表水均通过 G037 进入地下河主管道，途经 ZK08、ZK07 到出口 G047，径流长度 2091.7m，水力梯度为 23.90‰。

主要地段地下水水力梯度如表 4-1 所示。从整个寨底地下河流域来看，受地形地貌、含水介质、岩溶发育深度及地质构造等的影响，水力梯度分布不具有规律性，均分别受局部岩溶发育特征、水文地质条件所控制。次级岩溶水系统之间存在相对独立的补给、径流途径，相互间的水力联系较弱，或者流场呈现不连续性，为更好地理解，绘制寨底地下河流场等值线图，地下水流总体自北东向西南运移，出口地带是流域内地下水动力场的低水势地带，为唯一排泄带；水动力场的水势和流场变化较大，东侧岩溶水系统的水力梯度较大，北部海洋谷地及中间国清谷地水力梯度相对小，下游出口区域，局部地下岩溶管道狭小，径流不通畅，图上表现为等高线密度大，形成局部水力梯度较大分布区。

表 4-1　主要地段地下水水力梯度

序号	起点			终点			水位差/m	距离/m	水力梯度/‰	区域位置
	地名	编号	水位/m	地名	编号	水位/m				
1	甘野	ZK14	511.6	豪猪岩	G011	303.6	208	2950.1	70.51	东宄地下河
	豪猪岩	G011	303.6	东宄	G032	281.9	21.7	1343.7	16.15	
2	大浮	G034	329.5	小浮	G044	284.4	45.1	673.6	66.95	大浮
3	邓塘	G006	311	钓岩	G016	309	2	782.5	2.56	钓岩
4	小桐木湾	G015	308.17	钓岩	G019	307.85	0.32	245	1.31	海洋谷地
	钓岩	G019	307.85	琵琶塘	G027	301.2	6.65	1420.3	4.68	
	琵琶塘	G027	301.2	水牛厄	G030	285.1	16.1	1136.7	14.16	
5	水牛厄	G030	285.1	响水岩	G037	248	37.1	3403.5	10.90	国清谷地
6	响水岩	G037	243	寨底出口	G047	191	52	2250	23.11	寨底地下河

第二节　地下河管道结构分析

研究地段位于寨底地下河南部,主要涉及响水岩天窗 G037,位于岩溶主管道上的 ZK08、ZK07 两个监测孔,以及总出口 G047(图4-1)。G037 与 G047 距离 2230m,G037 与 ZK08 距离 1270m,ZK08 与 ZK07 距离 880m,ZK07 与 G047 距离 80m。

地下河天窗 G037 位于中部谷地南端,地面高程 263.50m,所处地段每年受淹 2～3 次,淹没时间 5～7d,水位高出地面 1～4m。

钻孔 ZK08、ZK07 地面高程分别为 264.82m、227.01m,孔深 100m 和 80m,孔底高程 164.82m 和 147.01m。两个钻孔岩心破碎,均揭露地下河管道。

一、水力梯度

2012 年 5 月 16 日 14 时～8 月 18 日 14 时,利用荷兰生产的 Mini-Diver 水位计和 10min 时间监测步长,对 G037、ZK07、ZK08 监测点进行高频率水位动态监测,水位动态曲线如图4-2所示。

监测期内,有 9 次强降水过程,并引起地下水强烈波动。G037、ZK08 和 ZK07 最低水位分别为 241.15m、214.27m 和 191.03m,最高水位分别为 259.78m、242.02m、195.17m,最大水位变幅分别为 18.63m、27.75m、4.14m。3 个监测点对应同一场降水的水位峰值滞后时间为 10～30min。

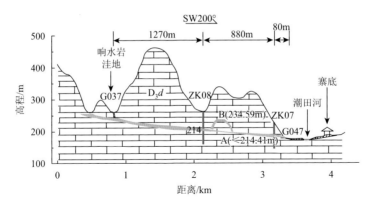

图 4-1 G037—G047 剖面及地下河结构示意图

利用响水岩天窗 G037 的 9 个水位峰值及对应 ZK08、ZK07 同时刻的监测水位进行梯度计算。为方便起见，用 h_{1j}、h_{2j}、h_{3j} 分别表示 G037，ZK08，ZK07 监测点水位，$j=[1,2,\cdots,11]$ 代表图 4-2 中 11 个水位序号，其中序号 1~9 代表 9 场强降水的峰值水位，序号 10、11 对应 2 个无降水期水位。

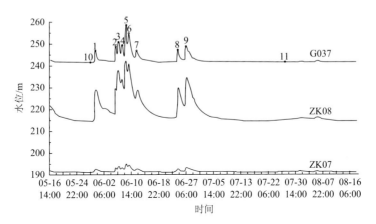

图 4-2 实测水位动态曲线

通过下面公式计算得到 G037—ZK08 和 ZK08—ZK07 的水力梯度 I_{1j}、I_{2j}（%），其中常数 1270、880 为监测点之间距离，计算结果如表 4-2 所示。

$$I_{1j}=100\times\frac{\left(h_{1j}-h_{2j}\right)}{1270},\ j=\left[1,2,\cdots,11\right]$$

$$I_{2j}=100\times\frac{\left(h_{2j}-h_{3j}\right)}{880},\ j=\left[1,2,\cdots,11\right]$$

表 4-2　水力梯度计算结果表

序号	监测日期	G037 水位 h_1/m	ZK08 水位 h_2/m	ZK07 水位 h_3/m	G037—ZK08 水位差/m	G037—ZK08 水力梯度 I_1/%	ZK08—ZK07 水位差/m	ZK08—ZK07 水力梯度 I_2/%
1	2012-05-30	246.41	228.81	192.68	17.60	1.36	36.13	4.11
2	2012-06-05	248.42	232.62	192.99	15.80	1.22	39.63	4.50
3	2012-06-06	250.12	237.71	193.41	12.41	0.96	44.30	5.03
4	2012-06-07	248.73	233.54	193.07	15.19	1.18	40.47	4.60
5	2012-06-08	259.78	242.02	195.17	17.76	1.38	46.85	5.32
6	2012-06-09	254.57	240.72	194.53	13.85	1.07	46.19	5.25
7	2012-06-12	246.47	228.71	192.52	17.76	1.38	36.19	4.11
8	2012-06-24	246.82	229.29	192.70	17.53	1.36	36.59	4.16
9	2012-06-27	248.24	233.76	193.02	14.48	1.12	40.74	4.63
10	2012-05-28	241.59	214.41	191.16	27.18	2.11	23.25	2.64
11	2012-07-27	241.49	215.07	191.13	26.42	2.05	23.94	2.72
	最小值	241.49	214.41	191.13	12.41	0.96	23.25	2.64
	最大值	259.78	242.02	195.17	27.18	2.11	46.85	5.32
	差	18.29	27.61	4.04	14.77	1.14	23.6	2.68

二、水力梯度与 G037 水位变化关系

根据该地下河系统的补给、径流、排泄特征，中上游的地下水、地表水都通过响水岩天窗 G037 补给到下游地下河主管道中，因此，G037 与 ZK08、ZK08 与 ZK07 之间水力梯度 I_{1j}、I_{2j} 总体受 G037 的水位 h_{1j} 波动控制，从理论上分析 I_{1j}、I_{2j} 与 h_{1j} 应该存在某种变化关系（易连兴等，2015）。

以水位 h_{1j} 为横坐标，水力梯度 I_{1j} 或 I_{2j} 为纵坐标，把表 4-2 中 11 组计算数据放到坐标系中建立散点图，通过趋势分析获得二者之间的变化关系（图 4-3）。

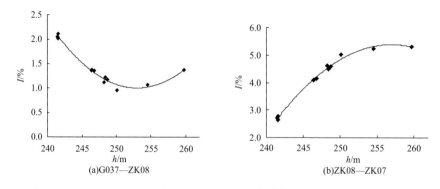

图 4-3　G037—ZK08（a）和 ZK08—ZK07 水力梯度（b）与 G037 水位关系图

G037—ZK08 上游段，没有降水影响期水力梯度 I_{1j} 最大；当降水产生影响后，水力梯度变小，分为两段变化过程：水力梯度 I_{1j} 开始随 G037 水位 h_{1j} 上涨而变小，当 h_{1j} 继续上涨后面则随 G037 水位 h_{1j} 上涨而增大；I_{1j} 与 h_{1j} 变化关系呈二次反抛物线形态（图 4-3）。通过趋势分析计算，水位 $h_1(t)$ 与梯度 $I_1(t)$ 的函数关系为

$$I_1(t) = 0.0081h_1^2(t) - 4.0947h_1(t) + 518.5$$

水位与梯度之间相关系数 R^2 为 0.9829。对上式进行导数得出极值点：

$$I_1'(t) = 0.0612h_1(t) - 4.0947$$

令 $I_1'(t) = 0$，得到当 $h_1 = 252.75$m 时，最小值 $I_1 = 1.43$（%）。通过上式计算得出对应 $h_1 = 252.75$m 时 ZK08 孔水位 h_2 为 234.59m。

ZK08—ZK07 段，I_{2j} 与 h_1 之间的关系与前者相反，无降水影响期水力梯度 I_{2j} 最小；当降水产生影响后，水力梯度快速增大，也可分为两段变化过程：水力梯度 I_{2j} 开始随 G037 水位 h_{1j} 上涨而增大，当水位过了 250.12～254.57m 区间后，水力梯度呈变小趋势，呈二次抛物线形态（图 4-3）。梯度 $I_2(t)$ 与水位 $h_1(t)$ 的关系为

$$I_2(t) = -0.0113h_1^2(t) + 5.8077h_1(t) - 740.86$$

相关系数 R^2 达 0.9933；同理可以计算出极值点，当 h_1 为 256.98m 时，最大值 I_2 为 5.37（%）。

三、地下河管道垂直方向结构分析

根据上、下游水力梯度 I 与 G037 水位 h_{1j} 的变化关系，可以推出下列结论，ZK08 与 ZK07 间存在双层地下水通道（图 4-4），其中下层通道狭小，上层通道相对大。根据钻孔 ZK08 监测期最低水位，可以肯定下层通道埋藏高程小于 214.41m；在极值点即高程 234.59m 发育另一个上层管道。分析过程如下：

（1）当响水岩天窗 G037 水位 h_{1j} 小于 252.75m 或钻孔 ZK08 水位 h_{2j} 小于 234.58m 时，地下水主要由下层通道朝 ZK07 及地下河出口 G047 径流排泄，由于上游来水补给量大和下层通道狭小，逐渐形成地下水淤积，G037 与 ZK08 之间水力梯度 I_1 表现为由大逐渐变小；此时对应下游 ZK08—ZK07 段，由于 ZK08 水位 h_{2j} 上升且下游段地下水排泄通畅，ZK08 与 ZK07 之间的水力梯度 I_2 则由小逐步增大。

（2）当响水岩天窗 G037 水位 h_{1j} 大于 252.75m 或钻孔 ZK08 水位 h_{2j} 大于 234.58m 时，地下水则由上、下两层通道朝 ZK07 及地下河出口 G047 径流排泄。此时上游地区尽管来水量更大并形成响水岩天窗 G037 水位 h_{1j} 更高，但上层过水通道大和过水通畅，没有进一步形成 G037 与 ZK08 地段地下水淤积，G037 与 ZK08 之间水力梯度表现为由小变大。

上下通道在垂直方向的相对位置，一种特殊情形：图 4-4 标注在同一个垂直

剖面上（图 4-4a）。上下通道有可能不在一个垂直面上（图 4-4b），当然，上层过水通道也有可能由两个或多个小型通道组成（图 4-4c），但其总的过水面积和通畅程度比下层通道大。

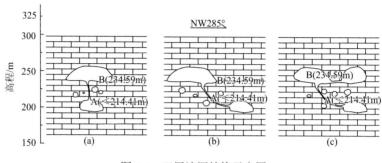

图 4-4　双层溶洞结构示意图

图 4-4 中图形除了形态不同外，G037 水位 h_{1j} 极值点 252.75m、256.98m 数值差别大，还反映了上下游两段岩溶管道内部结构不同。当响水岩天窗 G037 水位 h_{1j} 为 252.75m 或钻孔 ZK08 水位 h_{2j} 为 234.58m，上层管道开始大量过水时，由于 ZK08—ZK07 下游段管道结构、管道阻力与上游段不一致，所表现的水动力特征也就不一致。

上述两层通道发育高程主要以 ZK08 不同期水位进行推测，实际上，两层通道发育位置应该在 ZK08 下游，下层管道也有可能为虹吸管结构，即埋深更大。因此，252.75m、214.41m 两个数值仅为界限范围。

第三节　岩溶裂隙地下水系统水动力模拟

岩溶地区地下空间一般包括管道、洞穴、裂隙、孔隙等多种岩溶空隙介质体，它们既是岩溶水资源的赋存空间，也是生态环境问题频发的场所，要解决这些问题，需掌握地下岩溶发育规律。传统方法如野外测量、钻探等，无法全面反映某地区的地下岩溶发育特征，尤其是体积较小的地下岩溶空间特征（如厘米级、分米级的裂隙、管道等）。袁道先（2002）认为经过验证的岩溶发育模型可以准确预测岩溶发育部位及程度，可为分析岩溶的发育规律提供依据。关于岩溶演化模型，国内外学者开展了相关研究，其中国外学者涉及较多，而国内研究者甚少，早期模型主要研究单裂隙演化特征（Palmer，1991b；Groves et al.，1994a，1994b），中期研究集中于二维模型（Siemers et al.，1998），尤其以二维剖面模型研究较多（Gabrovšek et al.，2001；Kaufmann，2003），近些年研究开始涉及三维模型

（Kaufmann et al.，2012；Hiller et al.，2011），试图更加准确地反映岩溶系统演化的复杂性和真实性。虽然三维模型可以更加真实地反映岩溶演化规律，但目前三维模型研究尚处起步阶段，模拟条件不成熟，而二维剖面模型模拟条件相对成熟，可以直观反映岩溶演化情况，因此研究二维剖面模型有着重要的实际意义。基于以上观点，本节以 Fracture To Karst 程序（基于 VC＋＋6.0 软件研发）为基础，对地下水渗流模型和溶蚀动力学模型耦合，构建裂隙岩溶含水系统二维剖面演化模型，对比分析不同补给条件下（降雨补给和河流补给）裂隙岩溶含水系统演化规律，为预测岩溶发育程度、分析岩溶发育规律和构建合理的演化模型提供科学依据。

一、模型建立

（一）概念模型

我国北方地区发育多处岩溶大泉，部分岩溶大泉属于裂隙岩溶含水系统，受向斜构造控制，含水层为厚层灰岩，补给源为降雨入渗和河流渗漏，成因是在河流侵蚀作用下岩溶地层出露地表，形成地下水排泄通道，进而发育岩溶大泉，典型代表有山西辛安泉、神头泉、郭庄泉等。以上述岩溶大泉为原型，构建一个长 100m、高 30m 的裂隙岩溶含水系统模型（图 4-5），其假设条件、含水介质结构、源汇项和边界条件分别如下。

假设条件：①裂隙段简化为光滑平板裂隙，裂隙分水平和垂直两种，系统为二维剖面均质模型；②水流为层流状态；③溶蚀速率用 Dreydrodt 提出的经验公式进行估算。

含水介质结构：模型内部由孔隙和裂隙组成，利用等效介质法，将孔隙转化为小裂隙，与原有裂隙构成裂隙网络，裂隙网络中水平方向和垂直方向裂隙长分别为 400cm 和 200cm，分别表示为 L_h 和 L_v，水平和垂直向的隙宽分别为 0.03cm 和 0.02cm，分别表示为 a_h 和 a_v，等效渗透系数约为 1.4×10^{-5}m/s。

源汇项：模型补给源为降雨补给和河流补给。降雨补给范围为整个模型区，多年平均降雨量为 500mm，降雨入渗系数为 0.15；河流补给范围为图 4-5a 蓝线部分，补给河流水位高程为 30m，排泄河流水位高程为 10.5m。模拟期为 10 000 年，在模拟期内降雨补给量和河流补给量恒定不变。

边界条件：模型上部为补给边界，包括降雨补给边界和定水头边界（河流部分，如图 4-5 中蓝线所示），模型左边、底边及右下边为隔水边界（如图 4-5 中红线所示），右上部为自由排泄边界（泉排泄）。

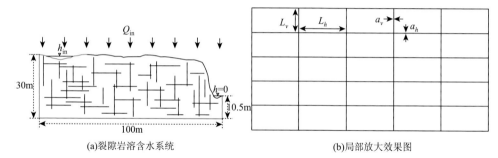

(a)裂隙岩溶含水系统　　　　　　　　　　(b)局部放大效果图

图 4-5　裂隙岩溶含水系统模型

（二）数学模型

数学模型包括地下水渗流模型和溶蚀动力学模型,首先分别建立这两个模型,接着进行耦合,构建裂隙岩溶含水系统演化模型。

1. 地下水渗流模型

依据假设条件,裂隙水流方程满足立方定律,如公式所示:

$$q = -\frac{\rho g}{12\mu}b^3\frac{\partial H}{\partial x}$$

式中,q 为单宽流量;ρ 为质量密度;μ 为流动黏滞系数;b 为裂隙隙宽;H 为裂隙节点水位。

根据水量平衡原理,裂隙网络中节点 i 处水流方程如公式所示:

$$(\sum_{j=1}^{n_i}q_j)_i + Q_i = 0 \quad (i=1,2,\cdots,n)$$

式中,q_j 为裂隙 j 单元流入或流出节点 i 的流量;Q_i 为节点 i 处的源汇项。

将两个公式进行联立求解,得到地下水渗流模型中裂隙节点水位。

2. 溶蚀动力学模型

前人对溶蚀动力学模型开展了大量研究工作,建立了三种代表性模型,分别为表面反应控制模型（PWP 模型）、薄膜理论模型、扩散边界层理论模型（DBL 模型）,同时许多国外学者提出了溶蚀速率经验公式（Plummer et al.,1976;White,1977;Dreydrodt,1988）。本节采用 Dreydrodt 提出的单裂隙溶蚀扩展方程,如公式所示:

$$\begin{cases} F(c) = k_1(1-c/c_{eq}) & (c<c_s) \\ F(c) = k_4(1-c/c_{eq})^4 & (c>c_s) \end{cases}$$

式中，$F(c)$ 为溶蚀速率[mol/(cm²·s)]；k_1、k_4 为溶蚀速率常数[mol/(cm²·s)]；c 为水中某时刻 Ca^{2+} 浓度（mol/L）；c_{eq} 为 Ca^{2+} 平衡浓度；c_s 为 Ca^{2+} 临界浓度（mol/L）[当 $c<c_s$ 时，$F(c)$ 是 c 的一次函数；当 $c>c_s$ 时，$F(c)$ 是 c 的高次函数]。

3. 耦合计算

将建立的地下水渗流模型和溶蚀动力学模型进行耦合，计算裂隙溶蚀量，计算方法如下。

某一段裂隙中 Ca^{2+} 的运移量可用公式表示：

$$M = Q \cdot \Delta t (C - C_0)$$

式中，Q 为裂隙中流量；Δt 为溶蚀时间；C_0 为初始 Ca^{2+} 浓度。

将质量守恒定律和公式进行联立求解，得出单裂隙溶蚀速度计算公式：

$$\frac{\Delta B}{\Delta t} = \frac{M}{\rho_1 L \Delta t}$$

式中，ΔB 为裂隙宽度的变化量；M 是某一段裂隙中 Ca^{2+} 的运移量；ρ_1 是可溶岩密度；L 是裂隙段长度。

二、模拟结果

（一）降雨补给条件下裂隙岩溶含水系统溶蚀演化

该裂隙岩溶含水系统的补给源设定为降雨入渗补给，其系统溶蚀演化过程如图 4-6 所示，其中图 4-6a～图 4-6e 分别展示系统演化 100 年、1000 年、2000 年、5000 年和 10000 年的情况。

100 年：系统处于溶蚀演化初期，整体水位较高，在右上部岩壁上发育有 3 处泉排泄点，系统中裂隙整体溶蚀不明显；

1000 年：系统水位整体下降约 4m，岩壁上泉排泄点减少至 2 个，潜水位附近裂隙部分被溶蚀，深层裂隙溶蚀现象不明显；

2000 年：系统水位继续下降，整体下降约 2m，泉排泄点减少至 1 个，潜水位附近裂隙进一步被溶蚀；

5000 年：系统水位已下降至侵蚀基准面处，泉排泄点仍为 1 个，裂隙溶蚀主要发生在侵蚀基准面及其附近，在侵蚀基准面处初步形成岩溶管道；

10000 年：水位稳定在侵蚀基准面处，泉管道进一步被溶蚀，补给水流几乎被管道袭夺，泉管道由泉口逐渐向系统内部发育，呈溯源性。

为了定量化研究该裂隙岩溶含水系统溶蚀情况，在系统内选取横、纵两个剖面进行裂隙隙宽分析（图 4-7）。其中横剖面选取为侵蚀基准面，其裂隙隙宽的溶蚀演化情况见图 4-7a：2000 年前，隙宽变化不明显，隙宽最大值仅为 0.052cm；2000 年之后隙宽迅速增大；4000 年后，隙宽溶蚀速度较稳定，约为 0.06 cm/ka，产生原因是 4000 年后水位已降至侵蚀基准面处，侵蚀基准面处初步形成泉岩溶管道，袭夺了大部分的补给水量，由于补给量恒定，因此隙宽的溶蚀速度也较稳定；此外，隙宽溶蚀速度呈现规律性变化特征，即从泉口向内逐渐减小，泉管道呈溯源性发育（由泉口向内部发育）。图 4-7b 为系统中部纵剖面（$x = 48m$）裂隙溶蚀演化情况：随着演化时间的推移，溶蚀范围和隙宽最大值位置均下移，4000 年以后二者都位于在侵蚀基准面处，产生原因是二者的下移与潜水位下降密切相关，潜水面处往往汇集大部分补给水流，此处水流溶蚀能力较强，因此也是溶蚀现象强烈区。

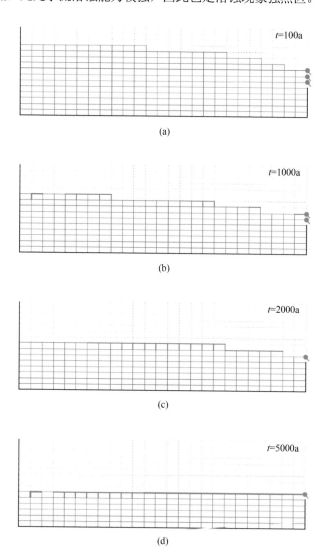

$t=100a$

(a)

$t=1000a$

(b)

$t=2000a$

(c)

$t=5000a$

(d)

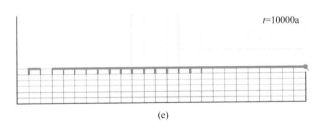

(e)

图4-6　降雨补给条件下裂隙岩溶含水系统演化（a、b、c、d、e 分别展示系统演化100a、1000a、2000a、5000a、10000a 后的介质场）

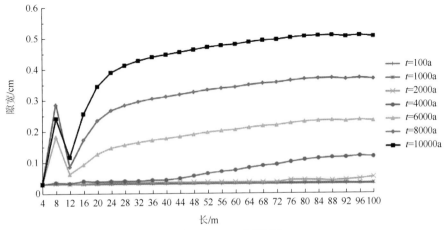

(a) 高(纵坐标)等于10.5m处横剖面

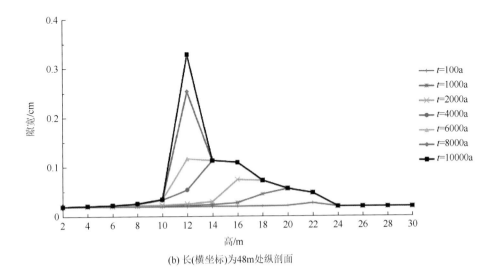

(b) 长(横坐标)为48m处纵剖面

图4-7　降雨补给条件下裂隙隙宽演化剖面图

（二）河流补给条件下裂隙岩溶含水系统

该裂隙岩溶含水系统的补给源设定为河流补给和降雨入渗补给，其系统溶蚀演化过程如图 4-8 所示，其中图 4-8a～图 4-8e 分别展示系统演化 100 年、1000 年、2000 年、5000 年和 10000 年的情况。

100 年：系统整体水位较高，泉排泄点为 5 个，裂隙溶蚀不明显；

1000 年：系统中部水位下降约 2m，下游水位大幅下降，下降约 6m，泉排泄点减少至 2 个，系统中下游裂隙开始溶蚀；

2000 年：中、下游水位继续下降，分别下降约 4m 和 6m，泉排泄点减少至 1 个，系统中下游裂隙进一步被溶蚀，溶蚀范围已发展至侵蚀基准面以下；

5000 年：系统中游水位整体下降，下降约 6m，泉排泄点仍为 1 个，裂隙溶蚀范围扩展至河流补给区；

10000 年：系统整体水位保持稳定，裂隙进一步被溶蚀，溶蚀范围继续向河流补给区内扩展。

同样在系统内选取横、纵两个剖面进行裂隙隙宽分析（图 4-9），定量化研究系统内溶蚀情况。其中横剖面选取为侵蚀基准面，其裂隙隙宽的溶蚀演化情况（图 4-9a）：1000 年前，裂隙隙宽几乎没有变化；1000 年后，隙宽开始增大，此时隙宽最大值为 1.48cm；2000 年后，隙宽增幅稳定，约为 8cm/ka，产生原因是 2000 年后侵蚀基准面处已形成泉管道，该管道袭夺了大量的补给水源，溶蚀能力强而稳定，因此隙宽增幅稳定；此外，泉发育特点是由源向汇发育。图 4-9b 为系统中部纵剖面（$x = 48m$）裂隙溶蚀演化情况：与降雨补给条件下的相似，最大隙宽位置逐渐下移，该位置与潜水面一致。

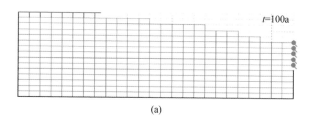

(a)

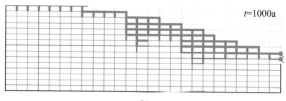

(b)

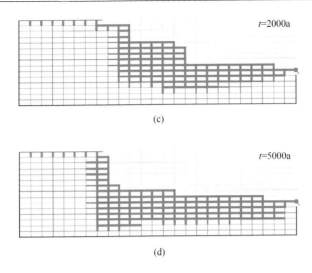

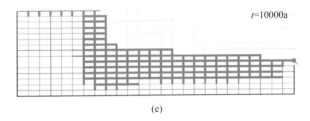

图 4-8　河流补给条件下裂隙岩溶含水系统演化（a、b、c、d、e 分别展示系统演化 100a、1000a、2000a、5000a、10000a 后的介质场）

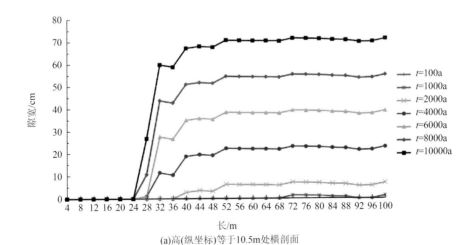

(a)高(纵坐标)等于10.5m处横剖面

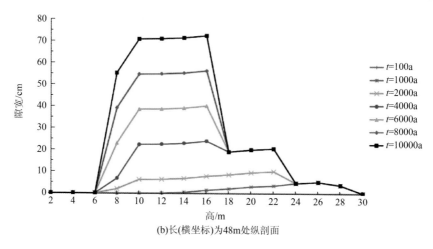

(b)长(横坐标)为48m处纵剖面

图4-9 河流补给条件下裂隙隙宽演化图

（三）不同补给条件下裂隙岩溶含水系统演化对比

通过对比两种不同补给条件下的裂隙岩溶含水系统演化情况，发现二者既有相同点，又有不同点。相同点：水位方面，随着系统演化水位逐渐下降，同时某些小泉被袭夺而疏干；隙宽方面，裂隙溶蚀范围集中在潜水位附近，且隙宽逐渐增大。不同点：水位方面，降雨补给系统水位整体下降，而河流补给系统只有中下游水位下降，原因是河流影响系统上游的水位变化；演化速度方面，河流补给系统的演化速度远快于降雨补给系统，以泉口管道隙宽为例，降雨补给系统泉口隙宽增大 10 倍（由 0.03cm 增大至 0.3cm）需要 5000 年，而河流补给系统只需要 1000 年，溶蚀速度比约为 1∶5，产生原因是河流补给系统拥有两种补给来源，其中河流补给源拥有较强溶解能力的水流，且流量较大；隙宽方面，降雨补给系统中侵蚀基准面以下裂隙未被明显溶蚀，但在河流补给系统中，侵蚀基准面以下的裂隙已被明显溶蚀，主要原因是二者补给水量不同，前者只有降雨补给，水流量较小且大部分被泉管道袭夺，而后者补给来源为河流，水流量大，泉管道未能完全袭夺补给水流，有部分具有溶蚀能力的水流流入基准面之下，对部分裂隙进行了溶蚀；泉发育模式方面，降雨补给系统的泉由汇向源发育，呈溯源性，而河流补给系统的泉由源向汇发育，产生原因是前者水量较小，水流速度缓慢，Ca^{2+} 浓度偏大且溶蚀能力不强，泉发育主要受控于水动力条件，从泉口向内流量逐渐减小，溶蚀能力也变弱。后者水量较大，水流更新速度快，溶蚀能力取决于 Ca^{2+} 浓度，系统上游 Ca^{2+} 浓度较小，溶蚀能力强，下游 Ca^{2+} 浓度偏大，溶蚀能力变弱。

所以，两种不同补给方式下系统水位均逐渐下降，小泉被袭夺疏干，最终在侵蚀基准面处形成大泉，与降雨补给系统整体水位下降不同，河流补给系统只有中、下游水位下降，上游水位未变化，且中游水位下降速度小于下游水位；两种系统演化过程中均存在差异性溶蚀现象，差异溶蚀越明显，系统非均质化越强烈，越有利于形成泉管道和岩溶大泉，降雨系统裂隙溶蚀主要集中在潜水面附近，而河流补给系统的强溶蚀范围则深入基准面以下的深层裂隙，且前者的溶蚀拓展速度远小于后者；不同补给条件形成了不同的泉发育模式，降雨补给系统的泉由汇向源发育，呈溯源性，受水流流量控制，河流补给系统的泉由源向汇发育，受控于 Ca^{2+} 浓度（王喆等，2013）。

第四节 岩溶地下水水文地质参数衰减分析

岩溶含水系统的高度非均质性和各向异性使得定量计算含水层水文地质参数十分困难。传统的野外方法如抽水试验、注水试验和微水试验等方法能够描述孔隙介质含水层特性，而对岩溶管道含水系统却难以准确刻画（Quinn et. al.，2006）。由于岩溶区泉流量衰减曲线是岩溶含水层形态特征和水力特性的综合反映，因此研究流量衰减曲线是推求岩溶水文地质参数的重要手段。1905 年，Maillet 利用圆柱水箱试验，在 Boussinesq 方程的基础上首次提出运用指数方程描述孔隙介质泉流量曲线（Fiorillo，2011）；1965 年，Schoeller（1965）针对岩溶系统，根据不同介质类型分析岩溶泉流量曲线特征；1997 年，Eisenlohr 等（1997a，1997b）通过数值模型模拟了岩溶泉流量曲线，结果表明运用不同物理方程描述曲线的不同阶段能够更好的体现岩溶泉流量特点；2003 年，Dewandel 等（2003）对泉流量衰减的机制和理论工作进行了总结，但在水文地质参数估算方面有所欠缺；2014 年，Fiorillo（2014）总结分析了研究岩溶泉流量衰减曲线的经验公式和物理模型，对岩溶泉流量衰减的过程和机理进行了系统的阐述。国内对这方面的研究相对较少，1984 年，林敏（1984）探讨了流量衰减方程系数的物理意义；2010 年，张艳芳等（2010）基于 Boussinesq 方程计算了后寨河流域的水文地质参数。然而，运用泉流量衰减曲线估算水文地质参数方面有所欠缺。因此，本节应用流量衰减分析理论，针对岩溶区特点，计算海洋—寨底地下河系统水文地质参数，为该地区地下水的科学管理和资源评价提供依据。

一、理论方法

在岩溶发育地区，一条完整的泉流量曲线包括 5 个阶段（图 4-10）。第一阶段表明在没有补给情况下，泉流量有逐渐下降趋势；第二阶段是在一次强降雨过程后，由于地表入渗至岩溶含水层而表现的一次流量峰值；第三阶段泉流量主要来源于岩溶管道内的水量；第四阶段泉流量主要来源于岩溶裂隙内的水量；第五阶段泉流量主要来源于基岩孔隙内的水量（Fiorillo，2014）。

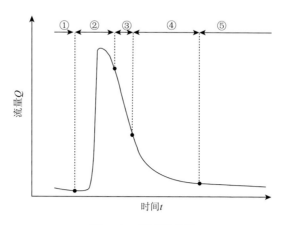

图 4-10 泉流量曲线

流量衰减分析理论主要研究在没有补给情况下流量的变化特征，即图 4-10 中第三、四、五阶段。第三阶段由于流量来源于岩溶管道，不符合达西定律。Kovacs等（2005）使用线性方程描述这一过程，并指明流量衰减系数是管道导水性能和给水度的函数。

$$Q_t = Q_0 - \alpha_1 t$$

$$\alpha_1 = \frac{2}{3} \frac{K_c f}{S_m A}$$

式中，Q_t 表示 t 时刻的泉流量（m³/d）；Q_0 表示初始时刻的泉流量（m³/d）；t 表示时间（s）；α_1 表示流量衰减系数，无量纲；K_c 表示岩溶管道导水性能（m³/d）；f 表示管道空间分布频率（1/m）；S_m 表示基岩给水度；A 表示流域面积（m²）。

第四阶段由于没有外部补给，泉流量逐渐减少，流速很小，满足达西定律，Baedke 等（2001）使用指数方程描述这一过程，并指明流量衰减系数是导水系数和储水系数的函数。

$$Q_t = Q_0 e^{\alpha_2 t}$$

$$\alpha_2 = \frac{T_f \pi^2}{4 S_f L^2}$$

式中，T_f 表示岩溶裂隙导水系数（m²/d）；S_f 表示岩溶裂隙给水度，无量纲；L 表示距离（m），其余变量物理意义与相同。

第五阶段泉流量来源于基岩孔隙内的水量，使用双曲线方程能够更加精确地描述这一过程（Dewandel，2003）。

$$Q_t = \frac{Q_0}{(1+\alpha_3 t)^2}$$

$$\alpha_3 = \frac{T_m \pi^2}{4 S_m L^2}$$

式中，T_m 表示基岩导水系数。

为获取 G047 地下河出口流量衰减曲线，在距离出口 100m 处修建薄壁堰，使用 Mini-Diver 水位计分别监测薄壁堰上下游水位变化，1h 监测一次，并利用水力学公式计算地下河日流量变化。自 2013 年 1 月 15 日 24 时～2014 年 1 月 15 日 24 时连续获取 8784 组地下河流量数据，并使用 LS-3 雨量自动监测仪监测寨底降雨量变化。为减少降雨对流量衰减分析的影响，选取 2013 年 9 月 25 日 3 时暴雨后～2013 年 10 月 13 日 17 时的 446 组流量数据作为研究对象，从图 4-11 中可看出该时间段内仅 10 月 1 日有少量降雨，因此本节运用流量衰减分析理论计算寨底流域水文地质参数。

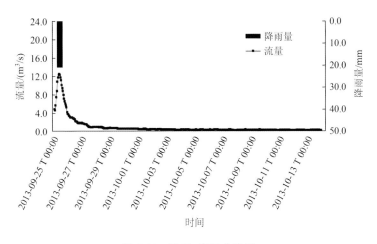

图 4-11　降雨-流量曲线图

二、分析与讨论

流量衰减系数是岩溶含水层参数的综合反映，通过已知方程形式拟合实测流量曲线，分别确定不同阶段流量衰减系数。本节利用 MATLAB2013a 对实测流量曲线分段拟合，第三、四、五阶段曲线拟合见图 4-12～图 4-14。

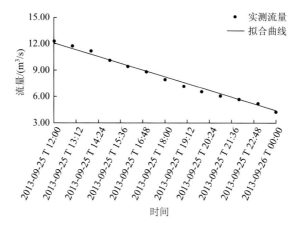

图 4-12　第三阶段曲线拟合

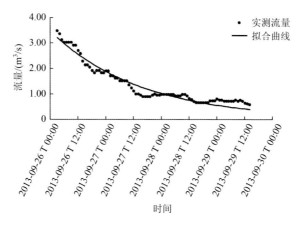

图 4-13　第四阶段曲线拟合

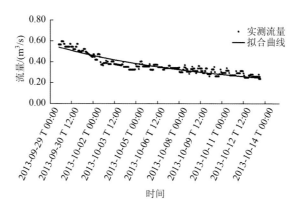

图 4-14　第五阶段曲线拟合

第四、五阶段相较第三阶段流量曲线拟合误差较大，可能原因是枯水期流量影响因素较多，实际测量有一定误差。不同阶段曲线拟合结果及确定的流量衰减系数见表 4-3，表 4-3 中 R^2 是决定系数，越接近 1 表明拟合效果越好；RMSE 是均方根误差，越接近 0 表明拟合效果越好。

表 4-3　不同阶段拟合结果

不同阶段	R^2	RMSE	衰减系数
第三阶段	0.989 2	0.311 0	0.642 5
第四阶段	0.944 7	0.186 8	0.025 76
第五阶段	0.867 8	0.032 29	0.001 458

响水岩天窗至寨底地下河出口长度 L 约 2.3km，子系统面积 A 约 22 697m²，表 4-4 给出了寨底流域子系统地下河径流距离。

表 4-4　寨底流域地下河子系统径流距离

地下河子系统	钓岩地下河	琵琶塘岩溶泉	水牛厄地下河	东究地下河	豪猪岩地下河	空连山潜流	大坪地下河	响水岩地下河	大小浮地下河	总和
径流距离/m	1 400	1 600	1 150	1 050	2 350	i 900	1 200	2 300	1 880	14 830

管道空间分布频率 f 可用流域内地下河径流距离与流域总面积的比值确定。计算管道分布频率 f 为 0.477 6‰，因此根据式（3-7）和第三阶段流量衰减系数计算岩溶管道导水性能和基岩给水度的比值 K_c/S_m 为 45 800 321.92m³/d；根据式（3-8）和第四阶段流量衰减系数计算岩溶裂隙导水系数和裂隙给水度的比值 T_f/S_f 为 55 228.31m²/d；根据式（3-11）和第五阶段流量衰减系数计算导水系数和基岩给水度的比值 T_m/S_m 为 3 125.89m²/d。

为进一步确定岩溶含水层水文地质参数，使用裂隙率代替含水层给水度。因此本节通过实测隙宽及线密度分布确定研究区裂隙率。岩溶裂隙发育地带，北东（NE10°）方向发育隙宽为 1.0cm，线密度为 7 条/m，裂隙面积约 0.07 近似等于岩溶裂隙给水度 S_f；岩溶裂隙相对较小地带，北西（NW330°～NW340°）方向发育裂隙宽度约 0.1cm，线密度为 13 条/m，裂隙面积约 0.013 近似等于岩溶基岩给水度 S_m。根据计算所得的比值确定岩溶管道导水性能 K_c 为 595 404.19m³/d，岩溶裂隙导水系数 T_f 为 3 865.98m²/d，岩溶基岩导水系数 T_m 为 40.64m²/d。岩溶管道的导水性能 K_c 是管道几何形态的综合反映，是表征管道直径、粗糙度、长度等参数的综合函数。若假设岩溶管道横截面面积不变，则管道的导水系数 T_c 可用导水性能 K_c 与长度 L 的比值确定为 258.87m²/d。

通过分析寨底地下河流量衰减曲线，确定了海洋—寨底地下河系统不同含水介质的水文地质参数，岩溶管道的导水系数为 258.87m²/d，岩溶裂隙的导水系数和给水度分别为 3865.98m²/d 和 0.07，基岩的导水系数和给水度分别为 40.64m²/d 和 0.013，为将来进行寨底地下河水动力过程模拟提供了依据。该方法通过监测流量衰减过程计算水文地质参数，可操作性强，相对抽水试验、注水试验等方法野外工作量少，适用于缺乏水文地质参数的岩溶地区（赵良杰等，2015a）。

第五节　寨底地下河出口流量衰减分析

一、泉衰减过程与水流要素的数学描述

自 1877 年 Boussinesq 首次提出了含水层排泄和泉流量随时间衰减的原理，并用下述方程描述了多孔介质水流的扩散过程。

$$\frac{\partial h}{\partial t} = \frac{K}{\varphi} \frac{\partial}{\partial x} \left(h \frac{\partial h}{\partial x} \right)$$

其中，K 为渗透系数；φ 为含水层有效孔隙度（给水度/储水系数）；h 为水头；t 为时间。

采用简化假设：非承压孔隙含水层、均质、各向同性、矩形、底板凹陷；H 为出口水位以下的深度，h 的变化相对于含水层深度 H 可以忽略不计；忽略地下水位以上的毛细效应，Boussinesq（1877）采用指数方程作为近似解析解：

$$Q_t = Q_0 e^{-\alpha t}$$

其中，Q_0 为初始流量；Q_t 为 t 时刻的泉流量；α 为衰减系数，是含水层的内在特征参数，采用时间单位的倒数表示（1/d 或 1/s）。

许多科学家提出了不同类型的泉流量衰减拟合方程，详见表 4-5。

表 4-5　泉流量衰减拟合方程

方程名称	公式	参考文献
Maillet 公式	$Q_t = Q_0 e^{-\alpha t}$	（Boussinesq，1877；Maillet，1905）
水库疏干方程	$Q_t = \dfrac{Q_0}{(1+\alpha t)^2}$	（Boussinesq，1903，1904）
指数水库模型	$Q_t = \dfrac{Q_0}{(1+\alpha Q_0 t)}$	（Hall，1968）
地表水累积模型	$Q_t = \dfrac{\alpha_1}{(1+\alpha_2 t)^3}$	（Griffiths et al.，1997）

续表

方程名称	公式	参考文献
岩溶管道衰减方程	$Q_t = \alpha_1 + \alpha_2 t$	（Griffiths et al.，1997）
地表开放明渠的流量衰减模型	$Q_t = \left(\dfrac{1}{2} + \dfrac{\lvert 1 - \beta t \rvert}{2(1 - \beta t)} \right) Q_0 (1 - \beta t)$	（Kullman，1990）
岩溶泉流量衰减的双曲线模型	$Q_t = \dfrac{Q_0}{(1 + \alpha t)^n}$	（Kovács，2003）

但是，很难获得能完全描述衰减曲线的简单方程，因此研究流量衰减过程需要考虑各种子动态（水流要素）。一般来说，泉流量曲线均超过两种水流要素。为解译整个衰减曲线，岩溶泉水文曲线的衰减段可近似采用多个指数分段的累加函数和多个描述流量线性衰减的 Kullman 方程表示。

$$Q_t = \sum_{i=1}^{n} Q_0 i\mathrm{e}^{-\alpha_i t}$$

$$Q_t = \sum_{i=1}^{n} Q_0 i\mathrm{e}^{-\alpha_i t} + \sum_{j=1}^{m} \left(\frac{1}{2} + \frac{\lvert 1 - \beta_j t \rvert}{2(1 - \beta_j t)} \right) Q_{0j} (1 - \beta_j t)$$

式中，i 和 j 值分别代表各水流要素。理想衰减曲线（正态曲线）水流要素和理想衰减曲线（半对数曲线）水流要素分别如图 4-15 和图 4-16 所示。

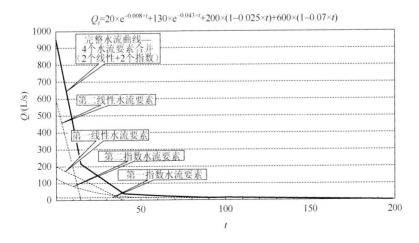

$$Q_t = 20 \times \mathrm{e}^{-0.008 \times t} + 130 \times \mathrm{e}^{-0.043 \times t} + 200 \times (1 - 0.025 \times t) + 600 \times (1 - 0.07 \times t)$$

图 4-15　理想衰减曲线（正态曲线）水流要素（主衰减曲线）

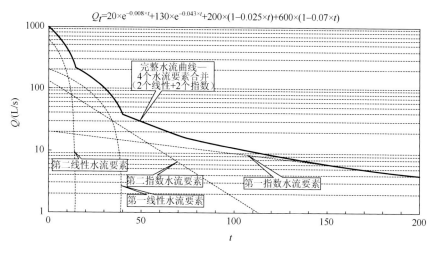

图 4-16　理想衰减曲线（半对数曲线）水流要素（主衰减曲线）

二、在衰减曲线上识别水流要素

目前各种衰减曲线分析方法中，我们应选择能反映整个衰减过程的水文曲线部分或该部分的某一段，评价流量开始衰减的阈值（并不一定是最大值），衰减过程的评价通常存在主观性，不同的学者有各自的解释标准。特别是在整个水文循环过程都存在地下水补给的地区，如存在多个降雨过程的温和气候区，衰减过程会受其他补给过程影响而难以区分，衰减曲线也因补给影响而发生改变。为避免此类问题，目前已有多种方法从一系列较短衰减过程中建立主衰减曲线（MRC）。我们应集中分析已选择的水文曲线衰减部分，无须考虑其是单个衰减过程还是多个短尺度衰减过程的组合。在水文曲线分析中，应更多依赖肉眼可见的线性元素，并采用对数或半对数形式表达流量时间序列。在半对数曲线上，指数形式的水流要素显示更为明显；而正态曲线更适合描述线性衰减模型（快速流要素）。

对寨底地下河出口 2017 年 8 月 13 日 21 时开始的地下河出口流量进行分解，寨底地下河出口流量与降雨量曲线图见图 4-17。其正态曲线图见图 4-18，半对数曲线图见图 4-19。

在水文曲线分解过程中，通常从慢速流（基流）要素开始，慢速流具有指数特征，在半对数曲线上更易显示（图 4-20），该水流要素是整个衰减过程最后保留的部分，因此，应从最小流量开始采用"自右向左"的分析方法。水流要素的衰减系数可采用曲线的斜率来表示，以曲线的延长线（灰线）在 y 轴上的截距表示初始流量（图 4-21），需要解决的首要问题是慢速基流要素的持续时间，该时间受右侧的最终和最小流量控制，但其左侧的起始时间需通过视觉估测或计算确定，

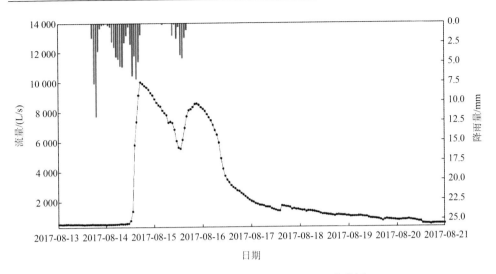

图 4-17　寨底地下河出口流量与降雨量曲线图

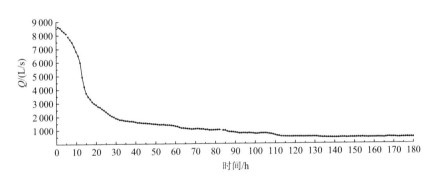

图 4-18　寨底地下河出口流量衰减正态曲线图

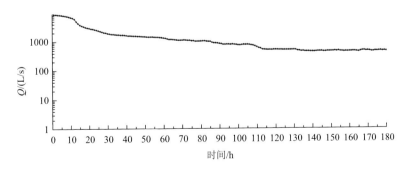

图 4-19　寨底地下河出口流量衰减半对数曲线图

例如，指数衰减过程相关系数最佳的时间。第一段解译获取了首对参数：第一个水流要素的起始流量 Q_{01} 和衰减系数 α_1（或 β_1）。在图 4-20、图 4-21 中，解译结果 Q_{01} 为 643.148 17L/s，α_1 为 –0.00 227。下一阶段的分析，最好从测试数据中减去已解译的水流要素，以突出显示其他水流要素（图 4-22、图 4-23）。例如，从第 48h 的观测值（1 475.608 38L/s）中减去 $643.14817e^{-0.00227\times48}$（$\approx$ 576.75L/s），得出结果 898.858 38L/s，差值如图 4-22、图 4-23 所示。

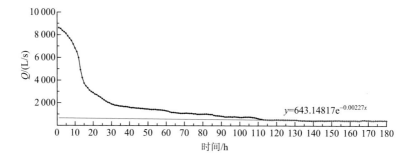

图 4-20　寨底地下河出口第一个指数衰减曲线线性拟合曲线图

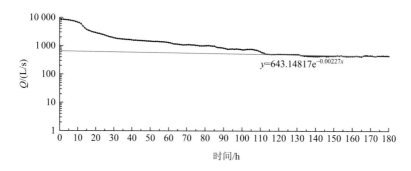

图 4-21　寨底地下河出口第一个指数衰减曲线半对数曲线图

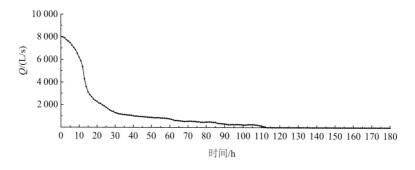

图 4-22　寨底地下河出口流量减去第一个指数水流衰减正态曲线图

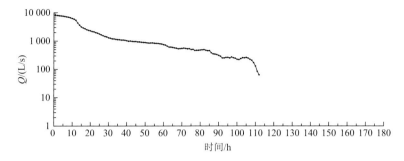

图 4-23 寨底地下河出口流量减去第一个指数水流衰减半对数曲线图

从图 4-24、图 4-25 中可以看出，减去第一个指数水流过程后，在正态曲线图上解译更为方便。采用线性衰减方程可以得出第二个线性水流衰减半对数曲线（图 4-26）。

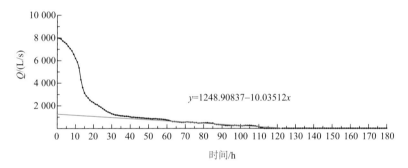

图 4-24 寨底地下河出口流量减去第一个指数水流线性拟合图

从拟合图中可以看出，峰值后 62h 地下河出口流量为 1209.73L/s，其中 558.71L/s 为第一个指数水流过程，651.02 为第二个指数水流过程；峰值后 48h 地下河出口流量 1475L/s，其中 576.75L/s 为第一个指数水流过程，767.22L/s 为第二个线性水流过程，剩余 131.63L/s 为剩余水流过程。

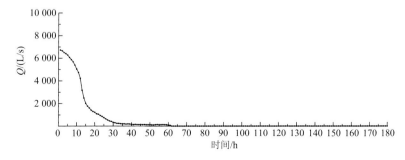

图 4-25 寨底地下河出口流量减去第二个线性水流衰减正态曲线图

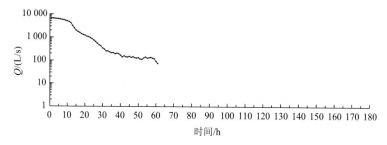

图 4-26　寨底地下河出口流量减去第二个线性水流衰减半对数曲线图

从图 4-27、图 4-28 中识别出第三个线性水流要素，拟合方程为 $y = 372.0227 - 4.66132x$。

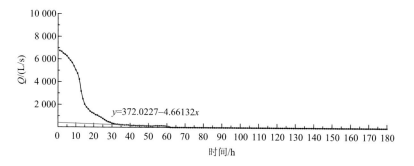

图 4-27　寨底地下河出口流量减去第二个线性水流过程线性拟合曲线图

再次将寨底地下河出口流量减去第三个线性水流过程，可得寨底地下河出口剩余水流过程（图 4-28、图 4-29），并继续识别第四个线性水流过程（图 4-30）。拟合方程为 $y = 2607.01983 - 83.57058x$。

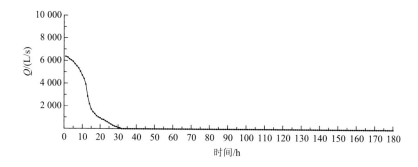

图 4-28　寨底地下河出口流量减去第三个线性水流衰减正态曲线图

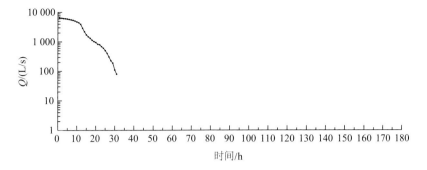

图 4-29　寨底地下河出口流量减去第三个线性水流衰减半对数曲线图

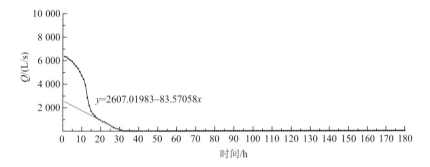

图 4-30　寨底地下河出口流量减去第三个线性水流过程线性拟合曲线图

同理继续进行识别，将寨底地下河出口流量再次减去第四个线性水流过程，其流量曲线图见图 4-31、图 4-32，指数拟合曲线图见图 4-33，可以看出，剩余水流在半对数曲线上可以得到更好的拟合。

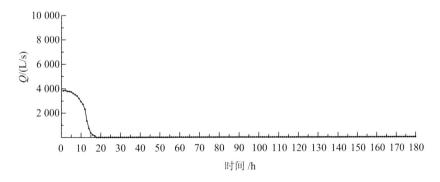

图 4-31　寨底地下河出口流量减去第四个线性水流衰减正态曲线图

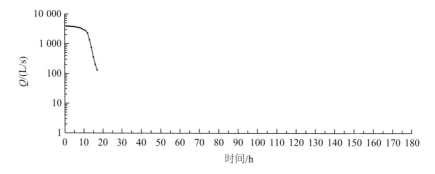

图 4-32 寨底地下河出口流量减去第四个线性水流衰减半对数曲线图

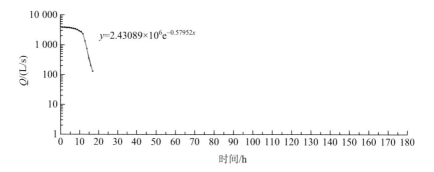

图 4-33 寨底地下河出口流量减去第四个线性水流过程指数拟合曲线图

由于受前一次降雨的影响，剩余水流过程可分解为两个水流过程：峰值后至 12h，12～18h，分别分解为第五个指数水流过程和第六个线性水流过程，详见图 4-34、图 4-35。

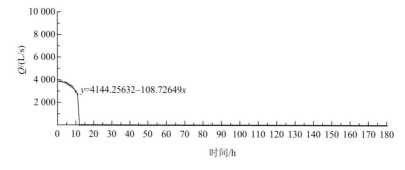

图 4-34 寨底地下河出口流量减去第五个指数水流过程线性拟合曲线图

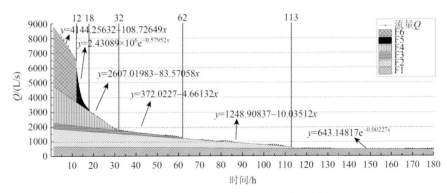

图 4-35　寨底地下河出口流量衰减六次分解过程图

有多种方法在水文曲线上设置解译曲线，利用计算机，可对选择的解译部分生成线性回归线，或者采用手动输入线段，输入参数的改变可能会影响其所处位置。

三、水文过程线分割区分各水流要素

将水文过程线分割为各水流要素，区分总水流中各水流要素的基本组成比例，为进一步解译水流要素提供定量参考，例如，可以估算快速流的持续时间，或者确保岩溶地下水长期开采的可开采量，或者至少可以确定各水流要素的衰减时间，以及定量确定各水流要素在排泄阶段所占的比例。

水文过程线分割可以手动进行，逐步形成模板直接投到水文过程线上，而各水流要素的过程线可在同一张纸上逐步描绘；也可以采用系列方程和输入参数，近似生成主衰减曲线 MRC 的虚拟副本，执行同一处理过程。该方法的主要思路是简化理解实际水文系统：系统内同一流量应反映相同的饱水程度（测压计）。这种粗略简化假设对进一步分析水流要素仍具有定量的参考价值。实际上，在岩溶含水层的定量化研究中，饱和程度的暂时性不均匀分布较为常见。在可溶岩内部，各含水系统（微细裂隙、中等裂隙和岩溶管道）至少都存在不同的测压水位。各测压水位随时间的动态变化各不相同。总之，多数情况下，流量监测数据是了解整个含水层系统的唯一定量参考数据。

图 4-36 给出了主衰减的水文过程线分割原则，左边的典型主衰减曲线（紫线）由三个水流要素叠加而成，包括两个指数衰减曲线和一个线性衰减曲线，各水流要素以不同的形式突出显示。右边是同一泉流量的实际观测水文曲线，自实际流量过程线上 Q_a 和 Q_b 起始的两条水平线，与主衰减曲线斜交，即得到对应的主衰减曲线上的流量值 Q_A 和 Q_B，分别由各水流要素按不同的比例份额组成，从交叉点向下绘制垂线，可见各组分所占的比例值。Q_A 由三个水流要素组成，Q_B 由其中的两个组成。右边曲线的每个流量，都能通过下文的计算方法在衰减曲线上找

到对应的相关值。图 4-36 表明每个观测流量都可以划分出多个子动态过程，这取决于该流量值在主衰减曲线上对应的位置；同样，每个流量值可以用代表性时间 t_R 表示，即从理论上最大流量值 Q_{max} 开始的时间：流量 Q_A 对应时间 t_a，流量 Q_B 对应时间 t_b。

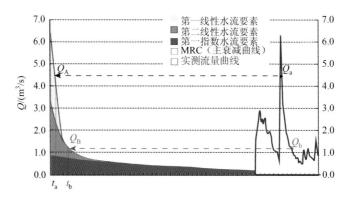

图 4-36　利用主衰减曲线参数将水文过程线分为各水流要素的原理

（Zoran，2015）

每个岩溶泉都有主衰减曲线，或者说，每个岩溶泉可通过各自的系列参数表示，如各起始流量常值 $Q_{01}\cdots Q_{0n}$ 和 $Q_{01}\cdots Q_{0m}$ 及衰减系数（$a_1\cdots a_n$ 及 $\beta_1\cdots \beta_m$），通过各水流要素的子动态过程可确定这些参数。理论上，前述的系列衰减方程或其他衰减方程均可应用，此处采用指数衰减方程和线性衰减方程计算，足以满足实际需求。

将水文曲线分割为各水流要素的过程中，可认为每个观测流量均由单个水流要素，或者两个及以上的水流要素叠加而成。

考虑多个指数衰减的水流要素和最终以线性衰减的快速流要素，根据多个描述流量线性衰减的 Kullman 方程，仅采用代表性时间 t_R（即理论上从绝对最大流量值 Q_{max} 开始的时间）就可确定各观测流量值 Q_t，因此，采用代表性时间 t_R 代入各水流要素方程中，即可计算出各水流要素的流量值。对于符合指数衰减模型的各水流要素，根据下述方程可计算代表性时间 t_R：

$$t_R = \frac{\ln Q_t - \ln Q_0}{-\alpha}$$

时间 t 满足条件 $t<1/\beta$ 时，对于按线性模型衰减的快速流，根据下面方程可计算代表性时间：

$$t_R = \frac{1}{\beta}\left(1 - \frac{Q_t}{Q_0}\right)$$

注意：岩溶泉的衰减曲线由多个指数段和多个线性段组成，通过迭代过程，可方便计算各水流要素的代表性时间 t_R。对于泉流量而言，最后计算值与流量观测的精度有关。实际上，10 次迭代计算的结果足以达到流量读数的精度范围。迭代方法以影响下一迭代过程的两个结果对比为基础，设置两个起始时间输入 $t_{R1} = 0$（最小值）和 $t_{R1} = 1/\alpha_1$（最大值）。在下一迭代步骤中，将前一方法获得的 t_R 值代入到迭代方程中，将计算结果与实测流量 Q_t 进行对比，如果计算值偏高，将前两个 t_R 值之差的一半加入到下一迭代过程的 t_R 值；如果代入的 Q_t 值低于实测观测值，则将下一迭代的 t_R 值降低至前两个 t_R 计算值之差的一半。再重复进行下一迭代过程，如果代入后获得的 Q_t 值低于实际值，则下一迭代的 t_R 值降低至前两个 t_R 计算值的差值的一半，反之亦然。不断重复迭代，将最后计算结果与实际观测值进行对比，直到最终计算值与实测值的差值可以忽略，即可停止，或者如前文所述，可以在 10～20 次的迭代过程之后停止。当方程组的计算结果向给定的初始近似值收敛时，则代表该迭代方法是收敛的。

按这种方式，对每个流量观测值 Q_t，均可以计算出代表性时间 t_R，并能分解为各水流要素。当泉流中包含所有水流要素时，Kullman 方程是分阶段进行，而且各要素是分阶段逐一出现和消失的。在 Kullman 方程中，所有水流要素都可以通过其初始分流量（最大）$Q_{0n} \cdots Q_{0m}$ 和衰减系数 $a_n \cdots \beta_m$ 来表示。应该注意的是，代表性时间 t_R，即理论上从最大流量 Q_{max} 开始的时间，对各流量要素是相同的。将 t_R 代入到各个拟合方程中，即可计算获得各流量要素（子动态）的实际分流量。为检查计算结果，总流量 Q_t 必须等于这些分流量之和。

采用主衰减曲线参数进行水文过程线分割的优势在于其能清晰解决各流量值问题，然而，该方法只是粗略简化地描述水文地质系统的功能，即假设同一个流量值代表含水层内的饱水程度或测压水位相同。但是实际上，在含水层的定量行为中，饱水程度常会出现暂时性不均一的分布现象。岩溶含水层内部，每个饱水系统（小型裂隙、中等裂隙和岩溶管道）至少都应进行多个测压水位的观测。这些测压水位观测值随时间的变化各不相同。Király（2003）和 Kovács 等（2005）指出，衰减系数是受岩溶含水层形态和规模等总体特征控制的集总参数，并且不建议用于计算含水层水力特征。

另外，地下水的混合过程和稀释作用在含水层也发挥了重要的作用，若化学或同位素过程线分割方法使用不合理，可能会导致错误判断地下水流过程。尽管如此，在多数情况下，流量仍然是仅有的可以定量描述整个地下含水层系统的数据。在对整个流量时间序列进行合理的衰减曲线分析的基础上，简化的水文过程线分割方法有助于区分并定量计算出各含水层水流要素的基本比例。前述方法对进一步分析水流要素至少能提供有益的定量参考依据；同样，该方法有助于对各水流要素的终止点和起始点进行合理的定量判断。

第六节　应用物理非平衡 CDE 模型反演含水层特征

岩溶含水系统具有高度非均质性和各向异性，使得岩溶区水文地质参数难以准确获取（Morales et al.，2010）。传统的地下水流动方程不能精确刻画管道中的非达西流（Quinn et al.，2006），而示踪技术是描述地下管道连通情况和形态特征的重要手段，但在估算水文地质参数方面有所欠缺（易连兴等，2010）。因此为解决上述问题，以数值模拟为手段的参数反演技术被广泛应用。1986 年，Nielsen 等（1986）基于对流弥散方程（convection-dispersion equation，CDE）模型研究影响非饱和带的物理非平衡过程，提出含水层的非均质性是导致物理非平衡的主要原因；1989 年，van Genuchten 等（1989）研究物理非平衡 CDE 模型，阐述其数学方程和作用机理；2005 年，胡俊栋等（2005）运用 CDE 模型对多环芳烃室内土柱淋溶行为进行模拟。然而涉及岩溶管道流参数反演的研究较少，2002 年，Field（2002）开发了 QTRACER2 程序用于分析示踪试验结果；2008 年，Perrin 等（2008）利用定量示踪试验推断岩溶管道结构；2009 年，鲁程鹏等（2009）探讨基于示踪试验求解岩溶含水层水文地质参数问题，2013 年，陈雪彬等（2013）利用示踪试验研究岩溶地下河流场反演问题，但是利用一次示踪试验结果计算所得的参数有一定的局限性，且与实测的穿透曲线相比相差很大（姜光辉等，2008）。物理非平衡 CDE 模型假设管道内液体分为流动区域和非流动区域，两区之间溶质的交换量由浓度差决定（Field et al.，2000）。运用该模型能够较好地刻画岩溶管道中的非均质性及示踪剂浓度穿透曲线的拖尾现象，所以本次研究在示踪试验的基础上，利用 QTRACER2 程序计算参数作为初始值，应用物理非平衡 CDE 模型对岩溶管道流溶质运移浓度进行预测并与实测的穿透曲线进行拟合，从而获取岩溶区水文地质参数。

一、物理非平衡 CDE 模型

通常岩溶区示踪试验得到的穿透曲线具有明显的拖尾现象（郑克勋等，2008），这种曲线的不对称性说明在溶质运移过程中存在非平衡状态。物理非平衡作用主要由于岩溶管道结构的复杂性、含水介质的非均质性及存在地下溶潭等因素引起（梅正星，1988），与传统平衡模型相比，该模型将管道内液体分为流动区域和非流动区域，能够较好地刻画溶质运移过程中的拖尾现象。

稳流条件下，岩溶区物理非平衡 CDE 模型可简化为无量纲形式（Toride et al.，1995），见下述公式。

$$\beta \frac{\partial C_1}{\partial T} = \frac{1}{P} \frac{\partial^2 C_1}{\partial Z^2} - \frac{\partial C_1}{\partial Z} - \omega(C_1 - C_2)$$

$$(1-\beta)\frac{\partial C_2}{\partial T} = \omega(C_1 - C_2)$$

式中，$T = vt/L, Z = x/t, P = vL/D$；$C_1$ 为流动区域溶质浓度；C_2 为非流动区域溶质浓度；P 为 Peclet 数；v 为平均流速；D 为弥散系数；β 为流动区和非流动区瞬时的分配系数；ω 为流动区和非流动区质量传递系数。

岩溶区内示踪试验的初始条件可用式下述公式表示，下式依次表示投放点初始条件和接收点初始条件。

$$C_1(0, T) = C_0(T)$$

$$\frac{\partial C_1}{\partial Z}(\infty, T) = 0$$

本次研究在示踪试验的基础上，利用 QTRACER2 程序计算参数作为初始值，应用物理非平衡 CDE 模型对岩溶管道流溶质运移浓度进行预测并与实测的穿透曲线进行拟合，从而获取岩溶区水文地质参数。

二、物理非平衡 CDE 模型模拟

对于在岩溶管道非流动区内的溶质浓度、所占比例和质量传递系数很难确定，本次研究通过适当的初始值并运用物理非平衡 CDE 模型拟合示踪剂浓度穿透曲线获取水文地质参数，分别选取中游段和下游段连通试验穿透曲线进行物理非平衡 CDE 模型反演。

（一）参数确定

投放点至接收点直线距离为 2000m，由于岩溶地下管道的弯曲度较大，假设投放点至接收点实际距离为 3000m，然后利用 QTRACER2 程序计算所得的初始水文地质参数值模拟示踪剂浓度穿透曲线初始值模拟曲线与实测曲线对比如图 4-37 所示。

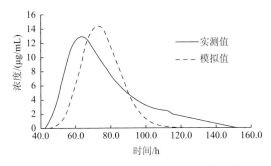

图 4-37　初始值模拟曲线与实测曲线对比

从图 4-37 可以看出初始值模拟所得曲线与实测曲线匹配较差，且存在较大误差，因此通过不断调整平均流速 v、弥散系数 D、瞬时分配系数 β 及质量传递系数 ω 等参数，并利用物理非平衡 CDE 模型模拟示踪剂浓度穿透曲线，从而使模拟曲线与实测曲线匹配良好。

物理非平衡 CDE 模型参数设置如表 4-6 所示。

表 4-6　物理非平衡 CDE 模型参数设置

参数	初始值	最小值设置	最大值设置
平均流速 v	47.62	23.81	95.24
弥散系数 D	1286.00	128.60	2572.00
瞬时分配系数 β	0.84	0.42	0.99
质量传递系数 ω	1.00	0.0005	10.00

其中迭代次数设置 500 次，部分迭代参数详见表 4-7，可见第 7 次迭代误差已平稳，最终 v 为 41.40m/s，D 为 653m，β 为 0.8，ω 为 2.11。

表 4-7　模型迭代参数表

迭代数	方差和	物理非平衡 CDE 模型	D	β	ω
0	2492.00	47.60	1290.00	0.84	1.00
1	513.90	39.70	576.00	0.71	2.49
2	257.90	42.00	742.00	0.80	2.57
3	253.00	41.40	505.00	0.79	2.14
4	246.40	41.50	660.00	0.80	2.14
5	246.30	41.40	649.00	0.80	2.11
6	246.30	41.40	653.00	0.80	2.11
7	246.30	41.40	653.00	0.80	2.11

调整参数后模拟曲线与实测曲线对比见图 4-38。

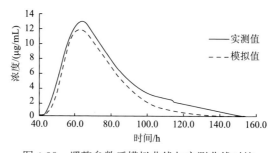

图 4-38　调整参数后模拟曲线与实测曲线对比

参数计算结果表明该地下河段流动水体瞬时分配系数 $\beta = 0.80$，质量传递系数 $\omega = 2.11$。模拟效果采用决定系数 r^2 和均方根误差 RMSE 两个指标进行评价，r^2 和 RMSE 分别用公式表示。

$$r^2 = 1 - \frac{\sum_{i=1}^{N}(C_{i0} - C_{ie})^2}{\sum_{i=1}^{N}(C_{i0} - \overline{C_{i0}})^2}$$

$$\text{RMSE} = \sqrt{\frac{1}{N}\sum_{i=1}^{N}(C_{i0} - C_{ie})^2}$$

式中，C_{i0}、C_{ie} 分别为实测和模拟浓度值；N 为监测点处数据个数；$\overline{C_{i0}}$ 为实际浓度平均值。决定系数越大且均方根误差越小表示曲线拟合越好，其中本次曲线拟合的 $r^2 = 0.9483$，RMSE $= 0.832$，从图 4-39 可以看出本次模拟值与实测值拟合较好，但也存在一定误差，主要原因是流量测量的误差和不精确的运移距离。

（二）支管道 CDE 模型

中游段 G011—G032 管道，根据示踪试验穿透曲线推测含有支管道，曲线有多个峰值，其 CDE 模拟过程见表 4-8。

表 4-8　支管道 CDE 模拟过程

迭代数	方差和	v	D	β	ω
0	13 360.00	8.66	820.00	0.64	1.00
1	2 591.00	4.33	82.00	0.32	3.19
2	855.30	6.10	178.00	0.44	4.93
3	560.10	5.52	1 100.00	0.89	2.86
4	475.40	5.43	1 080.00	1.00	8.07
5	400.30	5.55	916.00	0.99	3.80
6	400.20	5.54	917.00	1.00	4.88
7	396.70	5.52	930.00	1.00	0.88
8	395.80	5.51	941.00	1.00	1.16
9	395.70	5.50	947.00	1.00	1.32
10	395.60	5.50	946.00	1.00	1.40
11	395.60	5.50	946.00	1.00	1.49
12	395.60	5.50	946.00	1.00	1.56
13	395.50	5.50	946.00	1.00	1.61
14	395.50	5.50	946.00	1.00	1.69

续表

迭代数	方差和	v	D	β	ω
15	395.50	5.50	946.00	1.00	1.66
16	395.50	5.50	945.00	1.00	1.72
17	395.50	5.50	945.00	1.00	1.68
18	395.50	5.50	945.00	1.00	1.70
19	395.50	5.50	945.00	1.00	1.68
20	395.50	5.50	945.00	1.00	1.68
21	395.50	5.50	945.00	1.00	1.71
22	395.50	5.50	945.00	1.00	1.69
23	395.50	5.50	945.00	1.00	1.67
24	395.50	5.50	945.00	1.00	1.71
25	395.50	5.50	945.00	1.00	1.71

可见第 25 次迭代误差已平稳，v 为 5.50m/s，D 为 945m，β 为 1，ω 为 1.71。通过不断调整 v、D、β 及 ω 等参数，并利用物理非平衡 CDE 模型模拟示踪剂浓度穿透曲线模拟拟合曲线见图 4-39。从图中可以看出，模拟曲线较为光滑，不能模拟不同支管道的峰值现象，如何进行不同峰值的模拟有待进一步研究（赵良杰等，2015b）。

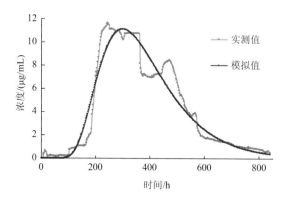

图 4-39　支管道 CDE 模拟拟合曲线

第五章　水循环转化试验

第一节　东部边界地表水与地下水转化规律

一、试验区水文地质条件

试验区位于海洋—寨底地下河系统的东部，如图 5-1 所示。地貌以峰丛洼地为主，有少量孤峰平原地貌分布在试验区的北部（即问塘山村以北地区），出露地层主要为泥盆系上泥盆统东村组（D_3d）灰岩，其次为桂林组（D_3g）、塘家湾组（D_3t）白云质灰岩，以及第四系（Q）砾粉质黏土，断层沿北东—南西向和近东西向发育，地下水由东向西流动。在试验场内共进行了 2 次示踪试验，共涉及 6 个天然水点和 1 个钻孔点，分别为 G004、G007、G011、G032、G075、G076、ZK30，每个水点具体情况如下：

邓塘地下河出口 G004，海拔 320.5m，出口朝向 310°，出水口呈溶潭状，圆形，直径约 3.6m，水稍浑浊，出口与一条 3～4m 宽水沟相连，地下水排出地表后向北西方向径流，枯季断流。

邓塘溶潭 G007，海拔 316.7m，位于山脚下，人工修建成水井并用水泥预制板盖住，为邓塘村集中抽水点，可见地下水位，溶井与一条 2～3m 宽水沟相连，降大雨时，有大股水流溢出，地下水流出地表后向西径流汇入 G006 一带消入地下。G011 点建有地下水动态监测站，主要监测地下水水温和水位，监测频率为 4h 一次。

豪猪岩天窗 G011 位于豪猪岩洼地内，海拔 320m，天窗口呈近圆形，直径约 6.5m，垂直可见深度 11m，在洞边不见洞底水位，但可听见流水声，洞底地下水由东向西流动。G011 点建有地下水动态监测站，主要监测地下水水温和水位，监测频率为 4h 一次。

东究地下河出口 G032 位于国清谷地中部东侧公路边，海拔 281.9m，发育两个溶洞出水口，相距约 30m，北侧一个稍低，南侧出水口略高，高差约 5.0m，天然条件下，北侧为主出水口，村民在洞内建坝抬高水位，使得南侧为主出水口，仅在降大雨时，北部出口才有水流，洪水期流量较大。出口处建有监测房和流量堰，主要监测地下水水位、流量和水化学组分。

黄花岭落水洞 G075 位于黄花岭谷地西南侧，海拔 380.6m，谷地内发育一溪沟，夏季有水，枯季断流，溪沟宽 1.5～2m，落水洞发育此溪沟内。枯水期断流时，人可进入落水洞，洞内发育有几百平方米的厅廊。

九连村地下河出口 G076 位于黄花岭谷地北侧，海拔 345m，地下河出口呈矩形，长约 10m，高 4m，出口水流方向为北西向，地下河水流出地表后汇入溪沟内，该溪沟宽 1.5m，水深 0.2～0.3m。

ZK30 位于豪猪岩洼地的东侧，孔口高程 370.2m，成孔于 2012 年 8 月，钻孔深 76.8m，钻孔上部孔径为 127mm，下部为 108mm，其中 47.30～49.02 段发育溶洞，该溶洞未被充填。

二、示踪试验设计

（一）试验目的

通过地下水动力示踪试验，分析海洋—寨底地下河系统东部边界地区地表水与地下水循环转化规律，确定东部地下水分水岭边界的位置，判别地表分水岭和地下分水岭的一致性。

（二）监测仪器与示踪剂

于 2014 年 6 月和 2015 年 6 月开展了 2 次示踪试验。第一次使用的示踪剂为钼酸铵，采用人工取样送至实验室测定 Mo^{6+} 浓度，采样频率为 4h 一次，实验室内选用 JP-2 型极谱仪结合标准曲线对比方法对 Mo^{6+} 浓度进行测定，此法最低检测限为 0.01μg/L。

2015 年 6 月试验所使用的示踪剂为钼酸铵和罗丹明 B，其中 Mo^{6+} 浓度采用人工取样方法，采样频率为 4h 一次，罗丹明 B 采用瑞士 Albillia 公司生产的野外自动化仪器测定，采样时间间隔设置为 15min。

（三）投放点与接收点

2014 年 6 月示踪试验的投放点为 ZK30，接收点为邓塘地下河出口 G004、邓塘溶潭 G007、豪猪岩天窗 G011 和东究地下河出口 G032。2015 年 6 月示踪试验的投放点为 ZK30 和黄花岭落水洞 G075，接收点为 ZK30、九连村地下河出口

G076、豪猪岩天窗 G011 和东究地下河出口 G032。

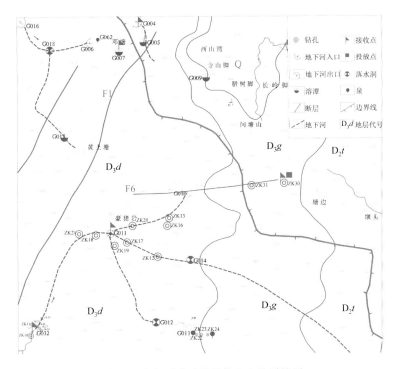

图 5-1　东部示踪试验场地水文地质简图

（四）试验与监测过程

1. 2014 年 6 月示踪试验

开始投放时间为 2014 年 6 月 6 日 13 时 30 分，共投放钼酸铵 25kg，投放示踪剂持续 8min，于 13 时 38 分结束。G004、G007、G011 和 G032 统一于 6 月 6 日中午 12 时开始人工取样。在投放示踪剂前，对上述 4 个接收点的 Mo^{6+} 的背景浓度进行了测定，均小于 0.06μg/L。投放示踪剂时，首先将 20L 的塑料桶装满水，然后将事先准备好的钼酸铵取出一半（防止一次放入不能完全溶解而对试验结果造成影响）缓慢放入塑料桶中，边放边用搅拌棒搅拌，使钼酸铵充分溶解，接着缓慢倒入钻孔中；重复以上操作直至示踪剂完全投放完。

2. 2015 年 6 月示踪试验

此次试验共有 ZK30 和 G075 两个投放点。ZK30 的开始投放时间为 2015 年 6 月 23 日 15 时 20 分，共投放罗丹明 B 1.5kg，投放示踪剂持续 20min，于 15 时 40 分结束。G075 的开始投放时间为 2016 年 6 月 23 日 16 时 40 分,共投放钼酸铵 50kg,投放示踪剂持续 20min,于 17 时结束。ZK30、G076、G011 和 G032 共 4 个接收点统一于 6 月 23 日 14 时开始人工取样或自动化监测,其中 ZK30 为人工取样测试 Mo^{6+},G076 为人工取样测试 Mo^{6+} 和罗丹明 B,G011 为自动化监测罗丹明 B 和人工取样测试 Mo^{6+},G032 为人工取样测试 Mo^{6+}。在投放示踪剂前,对上述 4 个接收点的 Mo^{6+} 和罗丹明 B 的背景浓度进行了测定,Mo^{6+} 的浓度均小于 0.06μg/L,罗丹明 B 的浓度为 0.02~0.4μg/L。投放罗丹明 B 的方法与 2014 年 6 月示踪试验的方法相同,而投放钼酸铵地方法则略有不同,由于 G075 落水洞在溪沟内,为了保证示踪剂尽量多地进入落水洞,先对落水洞进行挖掘,拓宽洞口,然后用沙袋将落水洞与溪沟分隔开,在依据 2014 年 6 月示踪试验的方法投放示踪剂。

野外环境复杂,为确保仪器能正常工作,每隔 2 天用笔记本计算机当场采集数据,并对蓄电池电压进行测量,以保证足够电压。等示踪剂浓度恢复到背景值后,再连续监测 2 天,以判断示踪剂浓度是否会出现第二次变化,以确保试验的完整性。

三、试验结果与地下河系统东部边界圈定

整理示踪试验监测数据,剔除异常值后获得 2 次示踪试验中各个接收点的 Mo^{6+} 浓度或罗丹明 B 浓度的穿透曲线。具体试验结果如下。

(一)2014 年 6 月示踪试验

从图 5-2 和图 5-3 中可以看出,G004 和 G007 的 Mo^{6+} 浓度均小于 0.06μg/L,表明示踪剂没有向这两个水点流动,即没有向北流动。

从图 5-4 中可以看出,投放示踪剂后第 19h(6 月 7 日 8 时),Mo^{6+} 浓度以高于背景值的浓度(1.57μg/L)到达 G011,第 40h(6 月 8 日 5 时)达到最大浓度,为 34.88μg/L。随后 Mo^{6+} 浓度急剧下降,仅 7h 后就低至 8.59μg/L,接着 Mo^{6+} 浓度一直在 5.87~11.55μg/L 震荡式波动,最后于 6 月 18 日 8 时后接近背景值,此次试验共历时 424h,共采集 93 组水样监测数据。G011 的穿透曲线的前段为单峰形态,后段为震荡式波动,这说明 ZK30—G011 发育单一管道,同时可能有多条透水裂隙与管道交叉相连。

图 5-5 显示出投放示踪剂后第 31h(6 月 7 日 20 时),Mo^{6+} 浓度以高于背景值的浓度(0.11μg/L)到达 G032,第 79h(6 月 9 日 20 时)达到最大浓度,为 20.82μg/L。随后 Mo^{6+} 浓度开始自然衰减,于 6 月 18 日 20 时恢复到背景值。G032 的穿透曲

线为单峰形态，存在拖尾现象，这说明 ZK30—G032 发育单一管道，且可能存在地下湖或溶潭。

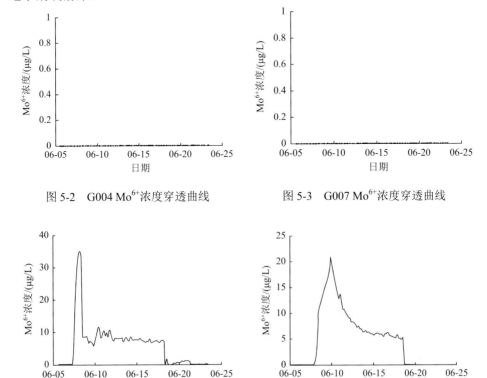

图 5-2　G004 Mo^{6+}浓度穿透曲线　　　　　图 5-3　G007 Mo^{6+}浓度穿透曲线

图 5-4　G011 Mo^{6+}浓度穿透曲线　　　　　图 5-5　G032 Mo^{6+}浓度穿透曲线

（二）2015 年 6 月示踪试验

从图 5-6 和图 5-7 可以看出，G076 的 Mo^{6+}浓度穿透曲线呈单峰形状，这说明 G075—G076 间发育一个单一管道，且可能存在溶潭，而 G076 点的罗丹明 B 的浓度始终不高（在背景值附近波动），这说明 ZK30 的地下水未流向 G076 点。

从图 5-8 中可以看出，ZK30 的 Mo^{6+}浓度穿透曲线呈逐渐衰减的趋势，按理论分析，ZK30 与 G075 应该是连通的，但是由于 2014 年在 ZK30 投放了 25kg 钼酸铵，这种衰减趋势也可能是残留在 ZK30 钻孔内的钼酸铵造成的，因此 ZK30 与 G075 的连通性尚不明确。

图 5-9 显示出，G011 的 Mo^{6+}的浓度均小于背景值，产生该现象的可能性有两种：一种是 G075 的地下水并未向 G011 流动，第二种是 G075 的地下水本应流向 G011，但示踪剂投放量较少造成的。图 5-10 反映出投放示踪剂后第 26.5h

（6月24日18时），罗丹明B浓度以高于背景值的浓度（1.13μg/L）到达G011，第29.8h（6月24日20时15分）达到最大浓度，为37.77μg/L。接着Mo^{6+}浓度开始快速衰减，然后浓度再次升高，于6月25日1时达到第二峰值，为17.5μg/L，最后Mo^{6+}浓度开始缓慢衰减。G011的罗丹明B浓度穿透曲线为双峰形态，存在拖尾现象，这说明ZK30—G011发育两条管道，且可能存在地下湖或溶潭。

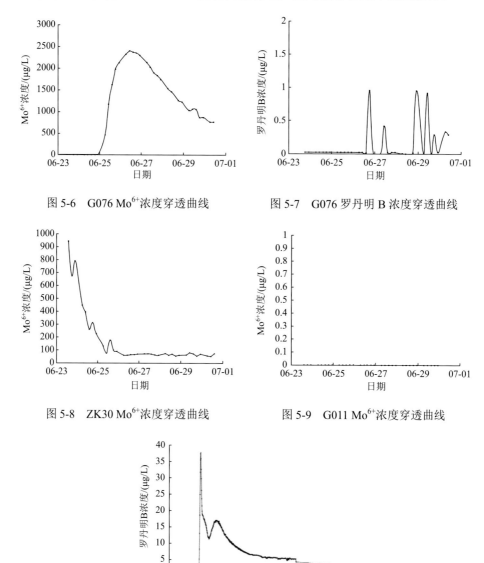

图 5-6　G076 Mo^{6+}浓度穿透曲线　　　　　图 5-7　G076 罗丹明 B 浓度穿透曲线

图 5-8　ZK30 Mo^{6+}浓度穿透曲线　　　　　图 5-9　G011 Mo^{6+}浓度穿透曲线

图 5-10　G011 罗丹明 B 浓度穿透曲线

从图 5-11 中看出，G032 的 Mo^{6+} 浓度均低于背景值，表明 G075 的地下水并未流向 G032 或投放钼酸铵数量不足。

综上所述，可得到如下结论：

（1）ZK30 与 G004、G007、G076 是不连通的，但 G075 与 G076 点是连通的，且连通性较好。

（2）ZK30 与 G011、G032 是连通的，且连通性较好；G075 与 ZK30、G011、G032 未产生连通。

（3）根据两次示踪试验结果，ZK30 应在地下河系统内，因此应将地下河系统

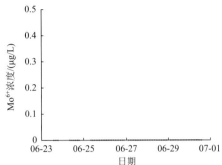

图 5-11 G032 Mo^{6+} 浓度穿透曲线

东部边界从原有位置继续向东扩展，如图 5-12 所示。而地表分水岭则为原位置，此处出现了地表分水岭与地下分水岭不一致的特征。

图 5-12 东部边界地表分水岭与地下分水岭

第二节　地下河系统移动分水岭水循环试验

一、试验区水文地质条件

示踪试验区域位于海洋—寨底地下河系统的北部（图 5-13），该区域为漓江、湘江两个水系的地下水分水岭地带，地层为泥盆系上泥盆统东村组（D_3d）灰岩，发育有 G001、G004、G016 等地下水排泄点，其中 G001、G004 排出的地下水向北朝湘江径流排泄，属湘江水系；G016 排出的大部分地下水经地表溪沟汇入 G020 溶潭内，与 G020 溶潭的溢流一起朝南向漓江径流排泄，属漓江水系，另外，G016 出口处部分地下水潜入地下再次形成地下径流。其间发育消水洞 G006，该水点归属于哪个水系是确定海洋—寨底地下河系统北部边界的重要内容之一；2015 年 9 月 23 日 10 时，在消水洞 G006 投放 8.0kg 钼酸铵进行示踪实验，在钓岩地下河出口 G016、溶潭 G020 收到投放的化学材料及浓度曲线（图 5-14）。

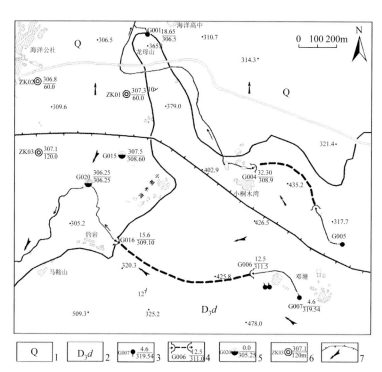

图 5-13　北部示踪试验区水文地质简图

1.第四系平原谷地区；2.东村组岩溶峰丛洼地区；3.泉，分子为流量（l/s），分母为高程（m）；4.地下河进、出口，分子为流量（l/s），分母为高程（m）；5.溶潭，分子为水位（m），分母为高程（m）；6.钻孔，分子为水位（m），分母：孔深（m）；7.地下水分水岭及流向

二、试验过程

本次试验的投放时间为 2015 年 9 月 23 日 10 时，共投放钼酸铵 8.0kg，投放示踪剂持续 15min，于 10 时 15 分结束。投放示踪剂时，首先将 20L 的塑料桶装满水，然后将事先准备好的钼酸铵取出一半（防止一次放入不能完全溶解而对试验结果造成影响）缓慢放入塑料桶中，边放边用搅拌棒搅拌，使钼酸铵充分溶解，接着缓慢倒入钻孔中；重复以上操作直至示踪剂完全投放完。

钓岩地下河出口 G016 和溶潭 G020 这两个接收点统一于 9 月 23 日 8 时开始人工取样，并测试 Mo^{6+} 浓度。在投放示踪剂前，对上述两个接收点的 Mo^{6+} 的背景浓度进行了测定，Mo^{6+} 的浓度均小于 0.02μg/L。

三、地下水流速特征与介质结构

监测点 G016：9 月 26 日 16 时主峰历时 84h。投放点 G006—G016 距离 785m，计算得出主峰平均径流速度为 9.11m/h。

溶潭 G020：第一峰反映的是地表溪沟径流特征，不进行讨论。第二峰反映 G016—G020 段地下水径流特征；G016—G020 溶潭距离为 360m，以 9 月 26 日 16 时 G016 峰值与 10 月 1 日 20 时第二峰值 148.40μg/L 对应计算，历时 124h，对应的地下水平均径流速度为 2.90m/h。

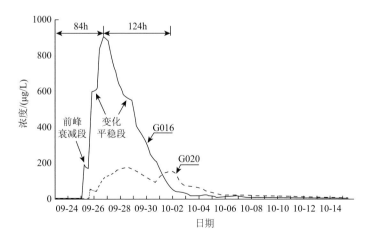

图 5-14　Mo^{6+}浓度检测曲线

计算结果表明，G006—G016 上游段与 G016—G020 下游段的地下水平均径流速度有较大差异，前者是后者的 3.14 倍，其主要原因由两段含水介质有较大差异。

G006—G016 上游段，G006 入口段、G016 出口段在枯水季节分别可进入 185m、120m，含水介质明显为大型管道洞穴（地下河）；结合水力坡度对比，尽管 G016—G020 下游段处于平原谷地区域，但水力坡度大于 G006—G016 上游段（表 5-1），而径流速度比上游段小 6.21m/h，反映其岩溶含水介质发育连通程度差，这种情形则多以裂隙介质为主。

表 5-1　地下水流速和水力坡度表

起点		终点		连通长度/m	第一峰值		第二峰值		水位差/m	水力坡度/‰	连通介质特征
编号	水位/m	编号	水位/m		用时/h	流速/(m/h)	用时/h	流速/(m/h)			
G006	311.5	G016	309.1	785	84	9.11			2.40	3.06	管道
G016	309.1	G020	306.25	360			124	2.90	2.85	7.92	裂隙

四、局部浓度曲线特征与介质结构

G006—G016 上游段中可能有一条支道并有 1 个以上溶潭发育。

（1）G016 曲线的前峰值出现后，Mo^{6+} 浓度没有增加，反而逐步降低，至 9 月 25 日 12 时降为 167.0μg/L，但 9 月 25 日 16 时浓度急剧增加到 441.0μg/L，说明运载前峰浓度的水流为主水流分离出来的小部分经过另一条支道，先于主水流到达地下河出口。

（2）在浓度的上升段，9 月 25 日 20 时，9 月 26 日 0 时、4 时，3 次检测 Mo^{6+} 浓度为 545.6～565.8μg/L，在浓度的衰减段 9 月 28 日 8 时～20 时 4 次水样浓度为 555.30～532.60μg/L，在这两段时间内，浓度值相对比较平稳，与其前后浓度差异大，推测该两处曲线反映有溶潭发育；一般而言，高浓度 Mo^{6+} 水流进入溶潭后，对浓度有一定的均匀和延滞作用；两段平缓曲线分别位于波峰的上升段、衰减段，有可能是一个溶潭在上升段、衰减段的不同表现，也不排除为两个独立溶潭表现出的特征。

（3）溶潭与支道空间关系，客观上有多种组合，如支道与主通道的分叉口、合并口同在溶潭的上游（图 5-15 上）或下游（图 5-15 中）、或分别在溶潭的上游、下游（图 5-15 下）。结合监测曲线，与图 5-15 下的管道结构形态较为符合，G006 投放点的高浓度水流在分叉口分为两部分，一小股通过支道、大股水流通过主通道及溶潭，其中通过支道的高浓度水流早通过合并口并到达出口 G016（陈崇希，1995；崔光中等，1988）。

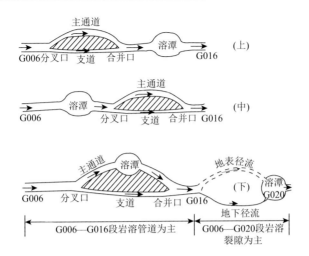

图 5-15　G006—G016—G020 连通段含水介质结构概化示意图

五、管道径流集中度分析

水流进入地下含水空间后，受岩溶含水介质不均质、空间大小及结构、导水能力等影响，分为多股通过不同路径在不同时刻到达排泄口。目前，未见有描述水流在径流过程中的分散或集中程度的参数。下面利用示踪试验的最大相对浓度系数 μ 来探讨水流在图 5-15 介质结构条件下的集中径流程度。

$$\mu = \frac{c_{\max} - c_0}{m - m'} \qquad (5\text{-}1)$$

其中，m、m' 分别表示投放点的投放量、径流过程中所投放的离子被吸附、沉淀等物理化学作用所消耗掉的数量（kg）；$c_{\max}$、c_0 分别表示监测点实测最大浓度、监测平均背景值（μg/L）。因此，公式（5-1）的物理意义为最大相对浓度系数 μ 等于有效最大浓度与有效投放量之比[μg/(L·kg)]，其理论意义反映，在相同条件下，不管投放量多少，其最大相对浓度系数 μ 应该是一个常数。离子在含水介质中的所消耗掉的数量 m' 受母岩、介质空间（含淤积物、水中植物）、径流距离等众多因素影响，没有计算公式和经验值可参考，实际计算采用下式：

$$\mu = \frac{c_{\max} - c_0}{m} \qquad (5\text{-}2)$$

m=4.26kg，c_0=1.23μg/L，以及 G016、G020 最大峰值 $c_{\max}$ 分别为 909.70μg/L、154.40μg/L，分别利用公式（5-2）计算，得出 G006—G016 段对应 G016 主峰的 μ 值等于 200.9，G016—G020 段对应 G020 的第二峰（地下水）的 μ 值等于 48.8；前者 μ 值为后者的 4.12 倍，说明 G006—G016 段集中径流度较高，而 G016—G020 段集中径流度比较低；通常，地下水在地下河管道比在裂隙介质中更为集中径流。

这里，G016—G020 段有一股地表水流为已知，当这股水流不以地表径流形式出现，而以地下潜流在某个未知水点（如河底泉等）排泄时，则可通过最大相对浓度系数 μ 来分析径流集中程度及其连通介质结构（易连兴等，2012）。

第三节　地下水径流过程试验

一、试验区水文地质条件

示踪试验区域位于海洋—寨底地下河系统的中部（图 5-16），该区域为地下河系统的径流区，地层为泥盆系上泥盆统额头村组（D_3d）白云质灰岩，发育有 G027、G029、G030 等岩溶水点，地下水由北向南径流，来自海洋谷地的地下水在 G027 处以泉的形式排泄出地表，经过一段地表明流，又在 G029 落水洞处进入地下河管道，最终在 G030 处以地下河出口形式排泄至地表形成地表河流。该段地下河汇集了上游海洋谷地所有地下水流，通过开展不同季节的示踪试验，研究系统径流区地下河管道结构变化特征，为下一步开展水资源评价工作提供依据。

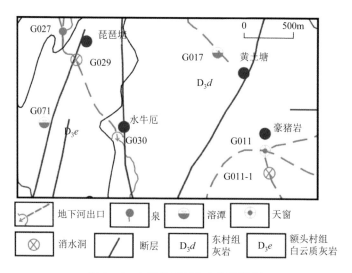

图 5-16　中部径流区水文地质简图

二、试验过程与地下河介质结构特征分析

本项目于 2015 年 5 月和 2015 年 11 月在 G029—G030 段地下河开展丰、枯两次示踪试验。

1. 丰水期示踪试验

2015 年 5 月，在 G029 处投放了示踪剂钼酸铵和荧光素钠。整理示踪试验数据，剔除背景值后可以获得示踪浓度穿透曲线（BTC），如图 5-17 所示。

由图 5-17 可知，BTC 整体呈单峰型，存在较为明显的拖尾现象。因此，丰水期 G029—G030 段地下河结构为单一管道结构，同时可能发育有溶潭。

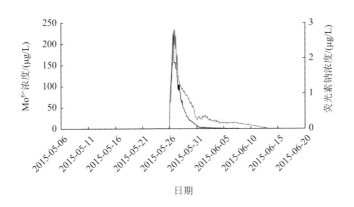

图 5-17　丰水期 G030 示踪剂浓度穿透曲线（2015 年 5 月）

2. 枯水期示踪试验

2015 年 10 月 26 日 15 时，在 G029 处投放钼酸铵 25kg，接收点为 G030，取样方式为人工取样（2h 一次）。整理示踪试验监测数据，剔除背景值后可以获得 Mo^{6+} 浓度的穿透曲线（BTC），如图 5-18 所示。

从图 5-18 中可以看出，示踪试验进行到 28 日 10 时，G030 点 Mo^{6+} 浓度开始出现异常，随后浓度逐渐升高，在 3 日 6 时～5 日 14 时和 6 日 6 时～8 日 0 时两个时间段内，开始震荡式波动，形成了夷平"峰丛"段，震荡波动过后，浓度开始缓慢下降，于 11 月 22 日 22 时回到背景值。

形成夷平"峰丛"的原因是枯水期管道水力坡度小，且构造裂隙较为发育，形成了管道流与溶蚀裂隙流交织而成的网状地下水系。在此类地下水系中，由于在管流运移的过程中，有数量众多的裂隙流与之并联相接，加之管流本身所携示踪剂较多，而裂隙流短而小所携示踪剂较少，故产生了一系列的小波峰，且波峰基座较高，又因为裂隙流中的示踪剂浓度相对较均匀，故形成了"夷平"峰丛状示踪曲线。曲线中有一部分变化缓慢段，如 11 月 8 日 4 时之后出现了大量的浓度平缓段，这反映出可能有溶潭串联在一起。

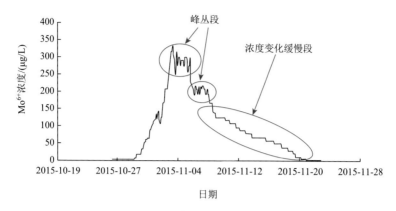

图 5-18   枯水期 G030 Mo^{6+}浓度变化曲线（2015 年 11 月）

因此，枯水期 G029—G030 段地下河结构为双管道结构（图 5-19），且每条管道均有大量裂隙与之并联相接，同时可能发育有溶潭。由于第一个峰丛波峰的历时时间和峰值浓度均大于第 2 个峰丛波峰，所以第一个波峰对应较大的地下水管道，而第 2 个波峰对应的管道则相对较小。

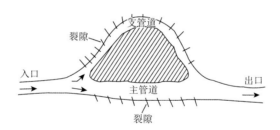

图 5-19   枯水期 G029—G030 段地下河结构图

综上所述，通过对比丰、枯两期示踪试验数据，可知 G029—G030 段地下河为上下两层结构：上层为单一管道结构，下层为双层管道结构（与裂隙并联相接）。

第四节   排泄区水动力试验与管道结构分析

一、试验区水文地质条件

试验场地位于海洋—寨底地下河系统的南部，如图 5-20 所示。试验场地地貌以峰丛洼地为主，出露地层为上泥盆统东村组（D$_3$d），岩性为中厚层状灰岩，断层沿北东—南西向和北西—南东向发育。地下水由北向南流动，在 G047 点流出地表，最终汇入潮天河。

响水岩—寨底地下河出口段地下河入口位于响水岩天窗（G037），该天窗为基地内规模最大的地下河天窗，海拔 260m，直径 35m，水位变幅大于 25m，雨季淹没时，水位高出地面 3～4m，天窗底部分布有河流特征的磨圆较好砂卵石。G037点建有地下水动态监测站，主要监测地下水水位和降雨量，水位监测频率为 4h 一次，降雨量监测频率为 1min 一次。

地下河出口位于寨底（G047），海拔 198m，流量为 0.03～18m³/s。出口处建有监测房、流量堰和监测桥，观测水位、流量和水化学组分。流量由二级矩形堰结合上游渠道断面测定，已实现时时监测，监测频率为 1min 一次。水化学组分由多参数水质监测仪自动监测，主要监测溶解氧、电导率、盐度、pH、氨氮、硝酸盐和氯化物 7 种指标。

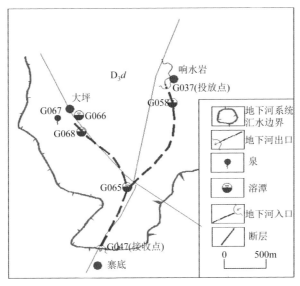

图 5-20　南部排泄区试验场地水文地质简图

二、试验过程

（一）试验目的

在地下河系统排泄区（即响水岩至寨底地下河出口地区），通过开展不同季节和不同水位条件下试验，研究地下含水介质结构变化并估算水文地质参数。

（二）仪器与示踪剂

本次试验仪器使用瑞士 Albillia 公司生产的野外自动化荧光仪，利用示踪剂对不同波长的光具有选择性吸收的特点。仪器首先发出特定的激光光束，经含示踪剂溶液的过滤作用，仪器接收到不同波长和强度的接收光，而接收光的光强度和示踪剂浓度成反比，从而根据二者之间的关系函数能计算得到示踪剂浓度。该野外荧光仪灵敏度极高，对荧光素的检测精度达到 0.01μg/L，采样时间间隔有 2s、10s、30s、1min、2min、4min、5min、10min 和 15min 这 8 种选择，本次试验将仪器采样时间间隔设置为 15min。考虑尽可能减小对当地地下水的污染、示踪剂在试验区化学性质的稳定性及示踪元素的环境背景值等因素，本次试验的示踪剂选择荧光素钠和罗丹明 B，它们具有极易溶于水、无毒、无味、自然含量极低、化学性质稳定且容易被仪器检测等特点。

（三）投放点与接收点

示踪剂投放点一般选择容易操作、有较大径流的地方。响水岩天窗被认为是寨底地下河最大、最主要的入口，流量较大，选择其作为投放点，利于示踪剂的溶解与运移，而且根据试验的目的和试验条件，响水岩天窗水位年内变动较大，在此处投放示踪剂，可以进行不同的水动力条件下的示踪试验，更容易达成试验目的。

接收点选择海洋—寨底地下河系统的集中排泄出口 G047 点，与投放点响水岩天窗（G037）水平直线距离约 2000m，此处修有规则的人工渠道和薄壁堰，且建有水位监测站，不仅方便安放、保管仪器，而且能实时监测寨底地下河出口处水位和流量，为定量计算提供可靠数据。

（四）试验时间与投放方法

本次试验的主要工作是开展不同水动力条件下（即不同水位条件下）的示踪试验，因此示踪剂投放时间应选择在响水岩天窗不同水位高度时进行。本次试验共设计了 3 组不同水动力条件下的示踪试验，分别为低水位示踪试验、中水位示踪试验和高水位示踪试验。

1. 低水位示踪试验

开始投放时间为 2014 年 3 月 3 日 14 时 30 分，共投放荧光素钠 500g，投放时间持续 10min，于 14 时 40 分结束，此时水位高程为 255.44m，属于低水位。投放示踪剂时，首先将 20L 的塑料桶装满水，然后将事先准备好的 500g 荧光素钠取出一半（防止一次放入不能完全溶解而对试验结果造成影响）缓慢放入塑料桶中，边放边用搅拌棒搅拌，使荧光素钠充分溶解，接着缓慢倒入渠道中；重复以上操作直至示踪剂全部投放完。投放示踪剂时的现场情况如图 5-21、图 5-22 所示。

图 5-21　将示踪剂倒入桶中进行溶解　　　　图 5-22　将桶中示踪剂倾倒进渠道内

2. 中水位示踪试验

开始投放时间为 2014 年 7 月 7 日 11 时 30 分，共投放罗丹明 B 1000g，投放时间持续 15min，于 11 时 45 分结束，此时水位高程为 259.07m，属于中水位。投放方法与低水位示踪试验的方法相同。投放示踪剂时的现场情况如图 5-23、图 5-24 所示。

图 5-23　投示踪剂前响水岩天窗的现场情况　　图 5-24　投示踪剂后响水岩天窗的现场情况

3. 高水位示踪试验

开始投放时间为 2014 年 6 月 6 日 14 时 10 分，共投放荧光素钠 1500g，投放时间持续 20min，于 14 时 30 分结束，此时水位高程为 262.81m，属于高水位。投放方法与低水位示踪试验的方法相同。投放示踪剂时的现场情况如图 5-25、图 5-26 所示。

（五）监测

野外环境复杂，为确保仪器能正常工作，每隔两天用笔记本计算机当场采集数据，并对蓄电池电压进行测量，以保证足够电压。等示踪剂浓度恢复到背景值后，再连续监测两天，以判断示踪剂浓度是否会出现第二次变化，以确保试验的完整性。

图 5-25　投示踪剂前响水岩天窗的现场情况　　图 5-26　投示踪剂后响水岩天窗的现场情况

三、排泄区地下河管道结构特征

（一）估算方法

针对岩溶管道的示踪试验，Field（1997，2002）开发了 QTRACER2 程序，研究岩溶管道结构和水动力特征，计算水力参数。该程序被推荐为岩溶管道流示踪量化的标准方法，它根据矩分析原理用零阶矩计算示踪剂的回收量，用一阶矩计算平均滞留时间和平均迁移速度，用二阶矩计算纵向弥散系数。

单个接收点的示踪剂回收质量：

$$M_0 = \int_0^\infty C(t)Q(t)\mathrm{d}t \qquad (5\text{-}3)$$

式中，C 为示踪剂浓度；Q 为地下水出口流量；t 为样品数据采集时间；M_0 为示踪剂回收质量。

由接收点示踪剂浓度穿透曲线（break through curves，BTC），可以判别示踪剂初见时间（即 BTC 前缘到达时间）、峰值时间（即示踪剂峰值出现的时间）及 BTC 质心达到的时间。用 BTC 质心到达的时间来表示示踪剂平均滞留时间更为合理，能够比初见时间和峰值时间更准确地反映管道体积。对于瞬间或短时间内投注试验，BTC 质心到达的时间：

$$\bar{t} = \frac{\int_0^\infty tC(t)Q(t)\mathrm{d}t}{\int_0^\infty C(t)Q(t)\mathrm{d}t} \qquad (5\text{-}4)$$

其标准偏差：

$$\sigma_t = \frac{\int_0^\infty tC(t)Q(t)\mathrm{d}t}{\int_0^\infty C(t)Q(t)\mathrm{d}t} \qquad (5\text{-}5)$$

式中，$\bar{t}$ 为示踪剂平均滞留时间；σ_t 为平均滞留时间的标准偏差。

平均迁移速度用来指示示踪剂质量的质心迁移速度：

$$\bar{v} = \frac{\int_0^\infty \dfrac{x_s}{t} C(t)Q(t)\mathrm{d}t}{\int_0^\infty C(t)Q(t)\mathrm{d}t} \qquad (5\text{-}6)$$

式中，$\bar{v}$ 为示踪剂质心迁移速度；x_s 为投注点与接受点之间的地下河长度（直线距离乘以弯曲度，弯曲度通常取 1.3）。

纵向弥散系数 D_L 因示踪剂的注入方式而异，示踪剂为连续注入时：

$$D_L = \frac{\sigma_t^2 v^3}{2x_s} \qquad (5\text{-}7)$$

示踪剂为脉冲式注入时：

$$D_L = \left(\sigma_t^2 - \frac{t_2}{12}\right)\frac{v^3}{2x_s} \qquad (5\text{-}8)$$

式中，σ_t 为平均滞留时间的标准偏差；t_2 为注入持续时间。

（二）试验结果分析

整理示踪试验监测数据，剔除背景值后可以获得三次示踪试验所使用示踪剂荧光素钠和罗丹明 B 的浓度穿透曲线，如图 5-27～图 5-29 所示，具体试验结果如下。

1. 低水位示踪试验

从图 5-27 中可以看出，投注后第 31.5h（3 月 4 日 22 时），荧光素钠以高于背景值的浓度（0.03μg/L）到达寨底地下河出口，第 55.5h（3 月 5 日 22 时）达到最大浓度，为 11.75μg/L。随后经历自然衰减，第 253.5h（3 月 14 日 4 时）荧光素钠残余浓度达到背景值（0.01μg/L）。此次试验共历时 295h（12.29d），共采集 1181 组水样监测数据。

依据公式（5-3）～公式（5-8），经过计算，本次示踪试验的示踪剂回收质量为 421.38g，回收率达到 84.28%，示踪剂平均运移时间为 3.41d，地下水平均流速为 853.68m/d，纵向弥散系数为 0.23m²/s。

2. 中水位示踪试验

从图 5-28 中可以看出，投注后第 11.5h（7 月 7 日 22 时 15 分），罗丹明 B 以高于背景值的浓度（1.21μg/L）到达寨底地下河出口，第 15.5h（7 月 8 日 2 时 15 分）达到最大浓度，为 27.02μg/L。随后经历自然衰减，第 21.25h（7 月 8 日 8 时）罗丹明 B 残余浓度达到背景值（0.01μg/L）。此次试验共历时 54.25h（2.26d），共采集 218 组水样监测数据。

依据公式（5-1）～公式（5-6），经过计算，本次示踪试验的示踪剂回收质量为 653.87g，回收率达到 65.39%，示踪剂平均运移时间为 0.65d（16.60h），地下水平均流速为 4062.91m/d，纵向弥散系数为 0.58m²/s。

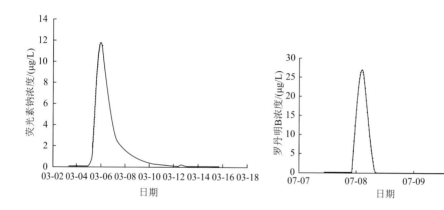

图 5-27　寨底总出口示踪剂浓度穿透曲线　　图 5-28　寨底总出口示踪剂浓度穿透曲线
　　　　　　（低水位时）　　　　　　　　　　　　　　　（中水位时）

3. 高水位示踪试验

从图 5-29 中可以看出，投注后 8h（6 月 6 日 17 时 45 分），荧光素钠以高于背景值的浓度（4μg/L）到达寨底地下河出口，投注后 8.75h（6 月 6 日 18 时 30 分）达到最大浓度，为 38.42μg/L。随后经历自然衰减，投注后 90.5h（6 月 10 日 4 时 15 分）荧光素钠残余浓度达到背景值（0.01μg/L）。此次试验共历时 128.25h（5.34d），共采集 514 组水样监测数据。

依据公式（5-1）～公式（5-6），经过计算，本次示踪试验的示踪剂回收质量为 1296.79g，回收率达到 86.45%，示踪剂平均运移时间为 0.57d（13.73h），地下水平均流速为 5312.89m/d，纵向弥散系数为 0.93m²/s。

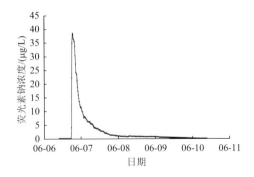

图 5-29　寨底地下河出口示踪剂浓度穿透曲线（高水位时）

（三）地下河管道形态分析

从三次示踪试验中示踪剂浓度穿透曲线形态可以看出，BTC 呈单峰型。除罗丹明 B 的 BTC 无拖尾现象且峰值陡升陡降之外，其余两次荧光素钠的 BTC 均有拖尾现象。两种示踪剂的 BTC 形态不同的主要原因是两种示踪剂的物理化学性质不同，荧光素钠是国际上首推使用的示踪材料，而罗丹明 B 具有较大的吸附性，容易被地下河含水介质中的泥土、浮游生物和胶体等物质所吸附，正是这种吸附特性使得罗丹明 B 的 BTC 无拖尾现象。从两种示踪剂的回收率也可以反映两种示踪剂的特性，两次荧光素钠的回收率均大于 80%，而罗丹明 B 的回收率却不到 70%。

桂林理工大学的陈余道和中国地质科学院岩溶地质研究所的赵良杰均对响水岩天窗（G037）—寨底地下河出口（G047）段的地下河管道特征进行了分析，二者的 BTC 均有拖尾现象存在，因此本次示踪试验中应选择两次荧光素钠的 BTC 对管道进行分析。

荧光素钠浓度穿透曲线为单峰型且有明显的拖尾现象，推测响水岩至寨底地下河出口段地下河为单一管道且可能存在地下湖或溶潭，具体形态如图 5-30 所示。由于溶潭的调节作用，溶质在溶潭中被稀释弥散后再运移导致曲线具有拖尾现象；示踪剂回收率大于 80%，表明该地下河段是投放点至接收点的主要连通管道，其中影响回收率的主要原因是穿透曲线拖尾过长的示踪剂浓度损失及在运移过程中的吸附和降解损失。

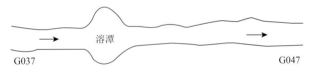

图 5-30　响水岩—寨底地下河出口段地下河形态示意图

（四）管道几何参数计算

荧光素钠和罗丹明 B 都易溶于水，且海洋—寨底地下河水为紊流状态，示踪剂的纵向弥散时间极短，而其在岩溶管道中的运移时间长达数天，所以可粗略认为示踪剂运移过程中含水层同一横截面各个层面其浓度相同，因此可用如下公式估算岩溶管道的储水体积 V：

$$V = \int_0^{t_0} Q(t)\mathrm{d}t \qquad (5\text{-}9)$$

由于岩溶地下河管道性的特点，为方便计算可将其概化成圆柱形状，根据体积进而可以估算岩溶管道的过水断面面积和储水平均直径：

$$A = \frac{V}{x_s} \qquad (5\text{-}10)$$

$$R = 2\sqrt{\frac{A}{\pi}} \qquad (5\text{-}11)$$

式（5-10）和式（5-11）中，A 为过水断面面积；R 为管道储水平均直径；x_s 为地下河实际长度（根据经验取响水岩到寨底地下河出口水平距离的 1.3 倍）。

经过计算，低水位示踪试验得到的管道几何参数如下：岩溶管道的储水体积为 84 714.66m³，过水断面面积为 32.58m²，管道储水平均直径为 6.44m。中水位示踪试验得到的管道几何参数如下：岩溶管道的储水体积为 88 283.49m³，过水断面面积为 33.96m²，管道储水平均直径为 6.58m。高水位示踪试验得到的管道几何参数如下：岩溶管道的储水体积为 96 686.28m³，过水断面面积为 37.19m²，管道储水平均直径为 6.88m。这些参数可以为研究地下河管道结构、建立地下河数值模型提供依据。

四、排泄区地下河管道水文地质参数

水文地质参数是反映含水层或透水层水文地质的指标，是进行水文地质计算和地下水资源评价的重要数据，也是建立水文模型与岩溶动力学模型不可缺少的参数。岩溶地下河常以管道的形式存在，其特殊的形态及地下水流场特征决定了其特有的水文地质参数。示踪试验可以得到地下水流速、示踪剂运移时间等参数，结合地下河管道参数和水体部分特征参数可以估算出管道的雷诺数、摩擦系数、折算渗透系数等。

1. 雷诺数

雷诺数是一种可用来表征流体流动情况的无量纲数，它是流体流动时的惯性力和黏性力之比：

$$Re = \frac{\rho \overline{v} R}{\mu} \tag{5-12}$$

式中，Re 为雷诺数；$\overline{v}$ 为地下水平均流速；μ 为地下水黏度，三次示踪试验时地下河水水温分别为17℃、21℃和20.2℃，因此 μ 取17℃、21℃和20.2℃时水的黏度，分别为 $1.08 \times 10^{-3} Pa \cdot s$、$0.98 \times 10^{-3} Pa \cdot s$ 和 $1.00 \times 10^{-3} Pa \cdot s$。

2. 摩擦系数

摩擦系数是流体力学计算中不可缺少的参数，它表征地下河管道与水的相互作用，反映含水层介质对水流速的减弱作用。管道内水流流态划分与裂隙水相同，分层流区、光滑紊流区和粗糙紊流区三个区域，省略过渡区域。

根据 Nikuradse 实验曲线，当 $Re < 2300$ 时，水流为层流区：

$$f = \frac{64}{Re} \tag{5-13}$$

当 $2300 < Re < 10^6$ 时，水流为光滑紊流区，其中当 $2300 < Re < 10^5$ 时：

$$f = \frac{0.3126}{Re^{0.25}} \tag{5-14}$$

当 $10^5 < Re < 10^6$ 时：

$$\frac{1}{\sqrt{f}} = 2 \lg(Re \sqrt{f}) - 0.8 \tag{5-15}$$

3. 折算渗透系数

响水岩—寨底段地下河的雷诺数（Re）大于2300，表明地下河水处于紊流状态，因此岩溶管道中的地下水为非达西流（非线性流），其介质的渗透系数是随雷诺数而变的变量。因此本研究引入陈崇希提出的折算渗透系数 K_L，目的是将紊流态的水流如同层流态一样，其流动规律在形式上可以用线性定律表示：

$$V = K_L J \tag{5-16}$$

式中，V 为渗透流速（m/d）；J 为水力梯度（无量纲）；K_L 为折算渗透系数（m/d）。

对于非线性流，是比较复杂的问题。就管道来说，可以由 Darcy-Weisbach 方程引出，即

$$\Delta H = f \cdot \frac{l}{d} \cdot \frac{u^2}{2g} \tag{5-17}$$

式中，ΔH 为水头损失（m）；f 为摩擦系数（无量纲）；l 为管道长（m）；d 为管道内直径（m）；u 为管道内平均流速（m/s）；g 为重力加速度（m/s^2）。

从式（5-17）出发，因管流的空隙率 $n=1$，则 $V=u$，而 $J=\Delta H/l$，于是存在下列关系：

$$V = \frac{2gd}{fV} \cdot J \qquad (5\text{-}18)$$

于是定义

$$K_L = \frac{2gd}{fV} \qquad (5\text{-}19)$$

利用示踪试验数据估算得到的响水岩—寨底段管道水文地质参数值如表 5-2 所示。

表 5-2　利用示踪试验估算得到的响水岩—寨底段管道水文地质参数

水文地质参数	低水位示踪试验	中水位示踪试验	高水位示踪试验
雷诺数	29 462.88	157 591.27	211 562.22
摩擦系数	0.024 2	0.004 6	0.003 1
折算渗透系数/(m/d)	6.25	7.04	8.36

4. 参数讨论

将已经估算出的管道几何形态参数和水文地质参数进行整理和综合，得到表 5-3。

表 5-3　由示踪试验估算得到的响水岩—寨底段管道形态及水文地质参数

参数	低水位示踪试验	中水位示踪试验	高水位示踪试验
水位/m	255.44	259.07	262.81
回收率/%	84.28	65.39	86.45
平均滞留时间/d	3.41	0.65	0.57
平均流速/(m/d)	853.68	4 602.91	5 312.89
纵向弥散系数/(m^2/s)	0.23	0.58	0.93
扫过管道过水体积/m^3	84 714.66	88 283.49	96 686.28
管道横截面面积/m^3	32.58	33.96	37.19
管道直径/m	6.44	6.58	6.88
管道半径/m	3.22	3.29	3.44

续表

参数	低水位示踪试验	中水位示踪试验	高水位示踪试验
雷诺数	29 462.88	157 591.27	211 562.22
摩擦系数	0.024 2	0.004 6	0.003 1
折算渗透系数/(m/d)	6.25	7.04	8.36

从表 5-3 中可以看出，根据三次示踪试验数据估算出的弥散系数分别为 $0.23m^2/s$、$0.58m^2/s$ 和 $0.93m^2/s$，而国外文献中岩溶地区弥散系数的计算结果介于 $0.08 \sim 1.00m^2/s$，因此三次试验的估算结果均在合理的范围内。

管道的储水体积计算的前提是管道的水流为有压管道流，通过水文地质调查和长期地下水自动化监测发现响水岩—寨底地下河出口段管道大部分都在地下水位以下，即为有压管道流，所以有压管道流的假设基本成立。但是岩溶管道并不是封闭的，它还接受周围含水层的补给和支管道的补给，所以表 5-1 中估算的体积不仅是示踪剂流经的岩溶管道的体积，还包括含水层中部分裂隙和支管道的体积。管道的横截面面积是根据管道体积和管道修正长度计算的，误差很大，实际的管道横截面面积应该小于此数值。

表 5-3 中的雷诺数是根据公式（5-15）计算得出的一个粗略的估计值，且数值偏大。因为这里计算的管道储水体积中用到的流量是按监测时间段内最大流量计算的，得到的是体积的极大值，从而使得管道储水直径偏大。由于管道储水直径的偏大，也导致了由公式（5-16）和公式（5-17）计算得到的摩擦系数偏小。同理，根据公式（5-18）计算得到的折算渗透系数偏大。

经计算得到的雷诺数为 20 000 ~ 220 000，已经远大于 2300，表明响水岩—寨底地下河出口段地下河水为典型紊流流态；摩擦系数为 0.0031 ~ 0.0242，此值对于水与接触面的摩擦系数已经相当大，表明地下河管道内部凸起或凹陷处很多，差异溶蚀明显，说明寨底地下河管道内部结构非常复杂。

两次荧光素钠示踪剂的回收率均大于 80%，这表明 G047 是寨底地下河的主要出口，而在三次试验中响水岩—寨底段地下河平均流速最快可达到 5312.89m/d，表明其地下水环境相当脆弱，上游河水一旦受到污染，将在短时间内影响下游寨底地下河出口的水质。

5. 管道垂向结构特征讨论

从表 5-4 中可知，随着地下水位的升高，管道的几何参数和水文地质参数也随之增大，但增幅情况却有较大差异。表 5-4 反映了低水位、中水位和高水位三次示踪试验中部分参数的两次增幅情况（其中第一次增幅是指中水位的参数值相对于低水位时的增幅情况，第二次增幅是指高水位的参数值相对于中水位时的增幅情况）。

从表 5-4 中可以看出，两次增幅中水位的增幅值几乎相等，即水位匀速升高，剩余参数增幅情况分为两种：一种是增幅值逐渐变大，增幅比大于 1，如扫过管道过水体积、管道横截面面积、管道直径、折算渗透系数等参数；另一种是增幅值逐渐变小，增幅比小于 1，如平均流速、纵向弥散系数等参数。产生上述增幅规律的主要原因是岩溶管道垂向上的结构差异，在两次水位增幅值几乎相等条件下，管道几何参数和折算渗透系数的增幅值却呈逐渐增大的趋势（增幅比均大于 2.0），这说明地下河管道由下至上，管道逐渐拓宽，渗透能力逐渐增强，且上半部管道的拓宽程度明显大于下部半管道。平均流速和纵向弥散系数的增幅规律也进一步验证了管道垂向上的这种发育特征，正是这种上宽下窄的管道结构，使得在两次水位增幅相同的情况下，越向上平均流速和纵向弥散系数越容易被"稀释"，导致二者的增幅值逐渐越小。

表 5-4　三次示踪试验中部分参数的增幅情况

参数	第一次增幅/%	第二次增幅/%	增幅比
水位	1.42	1.44	1.02
平均流速	439.18	15.42	0.04
纵向弥散系数	152.17	60.34	0.40
扫过管道过水体积	4.21	9.52	2.26
管道横截面面积	4.24	9.51	2.25
管道直径	2.17	4.56	2.10
管道折算渗透系数	2.17	4.56	2.10

第五节　不同类型含水介质注水试验

一、试验场地概况

注水试验场位于研究区中部的豪猪岩洼地地区（图 5-31），该地区出露地层为泥盆系上泥盆统东村组（D_3d）厚层灰岩。洼地内修建一处天然水点监测站（天窗、编号 G011）和 8 处钻孔（ZK12、ZK13、ZK16、ZK17、ZK18、ZK19、ZK20、ZK21），每个监测点均配有 Mini-Diver 水位计，用来自动记录各点的水位和水温，试验场内修建有水柜为注水试验用水提供来源。

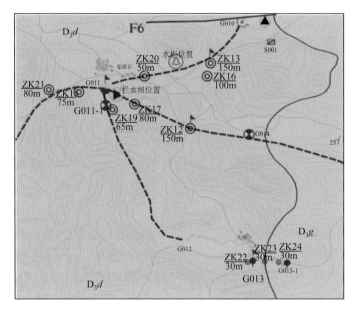

图 5-31　豪猪岩岩溶含水介质注水试验场

二、试验设计

（一）试验目的

本次试验的目的是通过开展 ZK12、ZK13 和 ZK16 三个钻孔的注水试验，分别研究管道介质、裂隙介质（以大、中型裂隙为主）和孔隙介质（以微裂隙为主）三种岩溶含水介质的渗透性，求取不同介质垂直方向和水平方向上的渗透系数。

（二）试验方法与仪器

利用小税村水柜分别对 ZK12、ZK13 和 ZK16 三个钻孔进行注水，其中 ZK12 代表管道介质，ZK13 代表裂隙介质，ZK16 代表孔隙介质。当钻孔水位升高至一定高度时，停止注水，利用钻孔内的 Mini-Diver 水位计对钻孔水位进行监测，监测频率为 1min 一次或 10min 一次，直至孔内水位恢复至未注水之前的水位。

三、试验过程

ZK13：试验前水位埋深为 78.21m，Mini-Diver 水位计放置于距离钻孔顶部

80m 的地方，注水试验开始时间为 2014 年 10 月 10 日 7 时，16 时 45 分结束，此时初始水位高度距离钻孔顶部 4.72m，ZK13 注水衰减曲线如图 5-32 所示（时间间隔为 1min 一次）。

ZK16：试验前水位埋深为 73.00m，Mini-Diver 水位计放置于距离钻孔顶部 80m 的地方，对 ZK16 进行了注水试验，开始时间为 2014 年 10 月 15 日 10 时 15 分，结束时间为 10 时 37 分，此时初始水位高度距离钻孔顶部 18.73m，ZK16 注水衰减曲线如图 5-33 所示（时间间隔为 10min 一次）。

ZK12：8 月 16 日，对 ZK12 进行注水，但因钻孔被堵，实验失败。

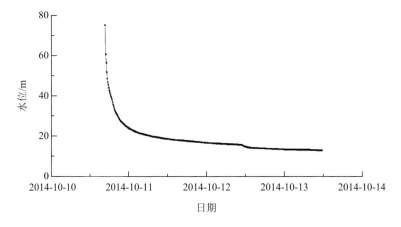

图 5-32 ZK13 钻孔注水衰减曲线

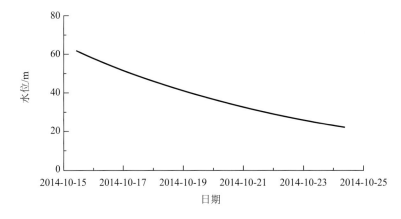

图 5-33 ZK16 钻孔注水衰减曲线

四、试验结果与不同类型介质渗透性分析

（一）垂直渗透系数分析

1. ZK13

根据图 5-32 水位衰减曲线的变化特征可以看出，ZK13 水位开始阶段急剧下降，下降速率超过了 1m/min，随后水位下降速率明显放缓，最后水位下降速率趋于稳定，水位下降极其缓慢。

根据图 5-33 水位下降速率情况，对 ZK13 钻孔所揭露的地下岩溶结构（钻孔顶部假设为 0m，第二次试验段范围为 4.72～80m）进行分类，共分为三类，分别是大型溶蚀裂隙（水位下降速率≥50cm/min）、中型溶蚀裂隙（10cm/min≤水位下降速率<50cm/min）、小型裂隙（水位下降速率<10cm/min），其中大型溶蚀裂隙影响深度为 20.53m，水位下降时间为 23min，下降速率为 0.89m/min；中型溶蚀裂隙影响深度为 14.27m，水位下降时间为 77min，下降速率为 0.19m/min；小型溶蚀裂隙影响深度为 27.58m，水位下降时间为 3913min，下降速率为 0.007m/min。

目前钻孔注水试验分为两种：常水头注水试验和降水头注水试验，虽然针对注水试验，中国有色金属工业协会颁布《注水试验规程》（YS 5214—2000）对注水试验操作步骤、计算方法等进行了规定，但是此标准没有考虑岩溶区，因此岩溶区暂时没有统一的规范和经验公式对其进行计算。本次试验仍以根据 YS 5214—2000 对垂向渗透系数进行计算。

根据钻孔内水头 H 下降与延续时间 t 的关系，渗透系数 K 按下式计算：

$$K = \frac{D^2 \ln\left(\dfrac{2L}{D}\right)}{8LT} \tag{5-20}$$

式中，K 为试验岩土层的渗透系数（cm/s）；D 为注水套管内直径（cm）；T 为滞后时间（min）；L 为试验段长度（cm）。

滞后时间 T 按如公式（5-20）计算：

$$T = \frac{t_1 - t_2}{\ln(H_1/H_2)} \tag{5-21}$$

式中，T 为滞后时间（min）；H_1、H_2 分别为在试验时间 t_1、t_2（min）时的试验水头（cm）。

根据公式（5-21）计算出三种不同岩溶结构的渗透系数，大型溶蚀裂隙 $K_d = 5.40$m/d，中型溶蚀裂隙 $K_z = 2.03$m/d，小型溶蚀裂隙 $K_w = 0.09$m/d。

根据等效渗透系数计算公式（5-22）得出 ZK13 第一次注水试验时试验段内含水层的整体渗透系数 K_p，K_p = 2.28m/d。

$$K_p = \frac{\sum_i^n M_i K_i}{M}$$　　　　　　（5-22）

2. ZK16

根据图 5-34 水位衰减曲线的变化特征可以看出，ZK16 水位一直缓慢下降，下降速率稳定，约为 0.003m/min，远小于 10cm/min。因此，ZK16 的地下岩溶结构为孔隙介质，即以微型溶蚀裂隙为主。微型裂隙的影响深度为 39.00m，水位下降为 12 810min，水位下降速率为 0.003m/min。

根据公式（5-21）和公式（5-22）计算出 ZK16 试验段内（0～39.00m）渗透系数为 0.018m/d。

综上所述，ZK13 所代表的裂隙介质的垂向渗透系数（K_p = 2.28m/d）远大于 ZK16 所代表的孔隙介质的垂向渗透系数（K_p = 0.018m/d），这反映了裂隙介质比孔隙介质具有更好的水循环能力。在 ZK13 的注水试验中，水位下降速率在每种裂隙类型中都存在下降幅度逐渐放缓的趋势，并且局部存在着下降幅度增加的现象，这种局部现象是岩溶非均质性较强所引起的。

（二）水平渗透系数分析

在 ZK13 进行注水试验的同时，利用 Mini-Diver 水位计对 ZK16 的水位进行观测，ZK16 水位变化情况如图 5-34 所示。

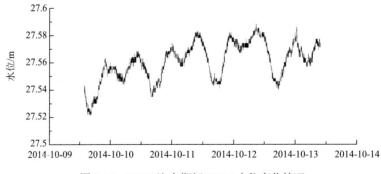

图 5-34　ZK13 注水期间 ZK16 水位变化情况

从图 5-34 可以看出，ZK16 水位变化具有潮汐特征，并且每天出现两个潮汐循环，按照海洋潮汐的类型划分，属于半日潮型。但相邻的两个潮汐循环的潮高和潮时不尽相等，出现了明显的周日不等现象尤其在两弦小潮附近，往往产生停潮，例如，8 月 16 日 3 时 4 分～5 时 46 分，水位值在 27.571～27.574m 波动，形成近 3h 的停潮。从 ZK13 第一次注水试验开始，ZK16 的观测水位是呈整体的上升趋势，但上升幅度较小，约为 2cm，试验期间无降雨，但无法判断 ZK16 的观测水位整体上升是否由 ZK13 的注水试验所引起。

产生地下水潮汐现象的原因有很多，如岩溶水潮汐的外力作用、陆潮的影响、水文地质条件、气象因素等。

第六节　地下河系统浊度分析

岩溶含水介质由高渗透性管道和低渗透性基岩裂隙构成，导致物质能量交换多集中于岩溶管道内（Morales et al.，2010）。传统的数值模拟技术和地下水流方程不能精确刻画管道中的非达西流（Ghasemizadeh et al.，2012），而定量示踪技术能够提供管道内溶质运移和含水层水文地质参数信息，是进行岩溶区水资源评价的重要途径和方法（Lauber et al.，2014；Perrin et al.，2008；陈余道等，2013）。Field（2002）开发 QTRACER2 程序用于分析岩溶含水层示踪剂浓度穿透曲线，Goldscheider（2005）利用多元示踪试验推断非均质地质结构对岩溶排泄和补给过程的影响，Ruffino（2015）通过数值模型拟合示踪剂浓度穿透曲线描述了水流的动力特征。鲁程鹏等（2009）基于示踪技术估算了岩溶含水层渗透系数和天然径流量。然而，在应用示踪技术过程中，地下河浊度的大小制约了对含水层结构特征和岩溶水文地质参数推求的准确性（Fournier et al.，2007；Nebbache et al.，2001；汪进良等，2005）。通常在线示踪技术选取荧光素钠和罗丹明 B 为示踪剂（杨平恒等，2008），浊度是影响两种示踪剂浓度的关键因素，尤其在单次降雨过程后，地下河浊度变化较大，浊度相对示踪剂浓度影响较大。本次研究选取不同浊度条件下多组示踪试验为研究对象，通过对比浊度、流量和示踪剂浓度定量分析地下河浊度来源及其对示踪剂浓度的影响，并结合 QTRACER2 程序计算研究区水文地质参数，为该区水资源评价和建立数值模型提供科学基础。

一、研究区概况

寨底地下河流域位于桂林市东部灵川县境内，坐标为 110°31′25.71″～110°37′30″E 和 25°13′26.08″～25°18′58.04″N，是西南典型岩溶流域之一。流域面积约 31.05km², 多年平均降雨量为 1601.1mm, 年平均气温为 17.5℃。地表溪沟和地下管道非常发育, 大部分区域属于峰丛洼地, 地形高程 260～820m。根据含水介质特征, 海洋—寨底地下河系统包括孔隙水、裂隙水和岩溶水。系统内岩溶区面积 32.5km², 其中碎屑岩区面积 3.53km²。汇水区域所包围的东村组 (D₃d)、桂林组 (D₃g)、塘家湾组 (D₂t) 等岩溶区岩性为灰岩、白云质灰岩或白云岩, 其间未发现有一定厚度的隔水岩层或相对隔水层, 构成一个岩溶含水系统, 寨底地下河出口 G047 为唯一总排泄口 (易连兴等, 2012)。

二、试验方法

本次示踪试验点选取流域内南部区域, 投放点位于响水岩天窗 (G037), 接收点位于寨底地下河出口 (G047), 该地下河段为长度约 2km 的岩溶管道。本次试验选取荧光素钠和罗丹明 B 作为示踪剂, 其中荧光素钠 ($C_{20}H_{10}Na_2O_5$) 分子量为 376.27, 水溶液呈绿色, 带极强的黄绿荧光, 20℃水溶解性 500g/L, 含量不少于 90%; 罗丹明 B ($C_{28}H_{31}ClN_2O_3$) 分子量为 479.01, 水溶液呈蓝红色, 稀释后有强烈荧光, 纯度规格为分析纯。试验过程中将示踪剂溶解于 20L 的塑料桶中, 充分搅拌后一次性投入响水岩天窗内, 示踪剂使用量通过充分考虑出口流量大小、径流距离和估计所需时间等因素, 同时考虑对水体污染和人畜用水安全等最终确定。试验采用 GGUN-FL24 野外荧光计在寨底地下河出口自动监测溶液浓度和浊度变化, 每 15min 记录一次数据; 使用 Mini-diver 水位计监测响水岩和寨底的水位、水温变化情况, 每 1h 记录一次数据。在寨底地下河出口处设立矩形薄壁型, 通过水位变化计算流量过程曲线。为阐明浊度对示踪剂的影响, 本次研究选取三次示踪试验进行定量分析。表 5-5 为三次示踪试验基本信息。

表 5-5　三次示踪试验基本信息

示踪试验	投放时间	示踪剂	投放质量/g	初见浓度历时/h	穿透曲线历时/h	监测频率
第一次	2014-08-12 T 11：00	荧光素钠	500	89.5	80	
第二次	2015-01-09 T 10：50	荧光素钠	500	76.2	10	15 次/min
	2015-01-09 T 13：00	罗丹明 B	1500	无	无	
第二次	2015-02-03 T 13：40	荧光素钠	1000	154.8	207	
	2015-02-03 T 14：00	罗丹明 B	3000	96.2	261.7	

浊度变化情况和地下河出口浓度回收曲线见图 5-35。

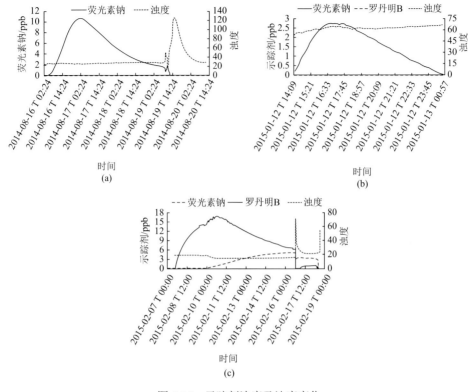

图 5-35　示踪剂浓度及浊度变化

三、结果分析讨论

（一）地下河浊度来源分析

探讨岩溶地下河浊度与流量的关系是分析岩溶水动力特征和溶质运移特性的重要手段。通常在一次降雨过程后，岩溶区地下河浊度主要来源于两种悬浮颗粒物，即外源和内源。外源是指地表的土壤、大气粉尘等随地表径流进入地下河而直接运移至出口的外源悬浮物（包括微生物），内源是指沉积于岩溶管道内部，随本次降雨重新进入地下河而形成的再悬浮颗粒物（Peterson et al.，2003；杨平恒等，2012）。当地下河出口流量较小时，管道内水流呈层流状态，浊度主要来源于管道内部的再悬浮颗粒物；反之流量较大时，管道内水流呈紊流状态，浊度主要来源于外源悬浮物（Valdes et al.，2006）。因此通过分析地下河浊度与流量的相关关系推断临界流量使水流从层流过渡为紊流状态，可判断浊度的来源。图 5-36 表示三次完整降雨过程后浊度及流量变化曲线。其中，图 5-36a 表示一次强降雨过后，流量较大时浊度变化情况，图 5-36b 表示一次弱降雨过后，流量较小时浊度变化情况，图 5-36c 表示多次连续降雨过后，流量波动较大时浊度变化情况。从图 5-36 中可以看出，当流量较大时，地下河浊度与流量相关度较高，相反，流量较小时相关度较差。因此存在上临界流量 Q_{max}，满足 $Q>Q_{max}$ 时水流属于紊流状态，浊度与流量相关性较高，主要来源于外源悬浮物；存在下临界流量 Q_{min}，满足 $Q<Q_{min}$ 时水流属于层流状态，浊度与流量相关性较低，主要来源于内部再悬浮物。通过不断调整 Q_{max}、Q_{min}，比较浊度与流量相关度，确定临界流量状态。图 5-37 为不同临界流量状态下浊度与流量相关系数变化曲线。

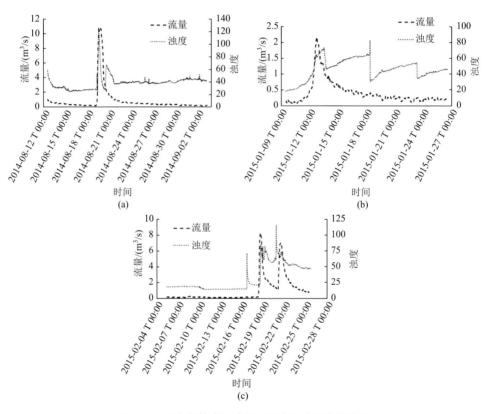

图 5-36　三次完整降雨过程后浊度及流量变化曲线

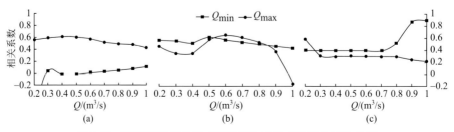

图 5-37　不同临界流量状态下浊度与流量相关系数变化曲线

从图 5-37a 中可以看出上、下临界流量曲线拐点都出现在 0.4m³/s 处，因此确定 $Q_{\max} = Q_{\min} = 0.4$m³/s；图 5-37b 中显示上临界流量曲线拐点出现在 0.6m³/s 处，下临界流量曲线拐点出现在 0.4m³/s 处，因此确定 $Q_{\max} = 0.6$m³/s，$Q_{\min} = 0.4$m³/s；图 5-37c 中显示相关系数曲线在 0.4m³/s 和 0.7m³/s 处有突变，中间较为平缓。通过以上分析推测当流量小于 0.4m³/s 时，水流属于层流运动，浊度主要来源于管道内部再悬浮颗粒；当流量大于 0.7m³/s 时，水流属于紊流运动，浊度主要来源于外源悬浮物。第一次示踪试验示踪剂回收时间自 2014 年 8 月 16～19 日流量较小，浊度主要来源于内部再悬浮颗粒；第二次 2015 年 1 月 12～13 日及第三次 2015 年 2 月 7～19 日流量较大，浊度主要来源于外源悬浮物。但因不同地下河系统管道大小和结构差异，可能导致临界流量的不同，有待进一步论证。

（二）浊度对示踪剂影响的定量分析

示踪剂是由含有荧光物质的分子吸收激发光而具有荧光特性，而地下河浊度对激发光具有散射作用从而降低荧光强度（李晋生等，1987）。图 5-38 和图 5-39 表示地下河浊度和示踪剂浓度曲线，可以看出浊度突变增大处，示踪剂浓度急剧下降，当浊度较平稳时，示踪剂浓度呈现连续变化。图 5-39 由于浊度较大，荧光素钠回收浓度较低，且罗丹明 B 接收浓度为 0。为明确浊度对示踪剂的影响，将图 5-38、图 5-39 中突变处列于表 5-6。计算相关系数可知，第一次示踪试验浊度和荧光素钠相关系数为 –0.89，第三次示踪试验浊度和荧光素钠相关系数为 –0.91，当浊度从 16.58 增至 71.32，罗丹明 B 从 5.16ppb 降至 0，可见浊度与示踪剂呈负相关关系。

表 5-6　示踪试验浊度突变处示踪剂变化表

第一次示踪试验			第三次示踪试验			
时间	荧光素钠	浊度	时间	荧光素钠	罗丹明 B	浊度
2014-08-19 T 08：15	1.59	27.75	2015-2-16 T 17：30	5	6.24	15.46
2014-08-19 T 08：30	1.57	27.83	2015-2-16 T 17：45	5	6.22	15.43
2014-08-19 T 08：45	1.53	28.35	2015-2-16 T 18：00	5.01	6.23	15.43
2014-08-19 T 09：00	1.5	28.86	2015-2-16 T 18：15	4.97	5.16	16.58
2014-08-19 T 09：15	1.37	31.91	2015-2-16 T 18：30	2.43	0	71.32
2014-08-19 T 09：30	1.34	31.25	2015-2-16 T 18：45	2.52	0	65.19
2014-08-19 T 09：45	0.78	51.97	2015-2-16 T 19：00	2.7	0	55.94
2014-08-19 T 10：00	1.11	38.07	2015-2-16 T 19：15	2.81	0	50.48
2014-08-19 T 10：15	1.06	41.39	2015-2-16 T 19：30	2.97	0	45.78
2014-08-19 T 10：30	1.2	36.95	2015-2-16 T 19：45	2.98	0	45.15
2014-08-19 T 10：45	1.82	40.22	2015-2-16 T 20：00	3.06	0	42.27

续表

第一次示踪试验			第三次示踪试验			
时间	荧光素钠	浊度	时间	荧光素钠	罗丹明B	浊度
2014-08-19 T 11：00	1.71	18.29	2015-2-16 T 20：15	3.13	0	40.41
2014-08-19 T 11：15	1.73	17.57	2015-2-16 T 20：30	3.16	0	38.84
2014-08-19 T 11：30	1.41	20.82	2015-2-16 T 20：45	3.23	0	37.07
2014-08-19 T 11：45	0.9	32.54	2015-2-16 T 21：00	3.26	0	35.55
2014-08-19 T 12：00	0.68	45.01	2015-2-16 T 21：15	3.27	0	34.52
2014-08-19 T 12：15	0.61	53.81	2015-2-16 T 21：30	3.29	0	33.71
2014-08-19 T 12：30	0.12	62.82	2015-2-16 T 21：45	3.31	0	32.93
2014-08-19 T 12：45	0	64.06	2015-2-16 T 22：00	3.34	0	32.19

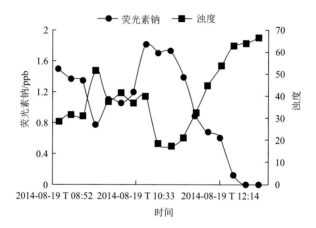

图 5-38　第一次试验突变处浊度与示踪剂变化

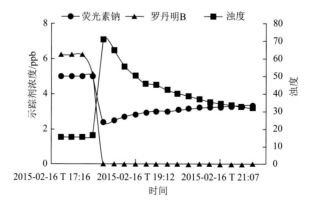

图 5-39　第三次试验突变处浊度与示踪剂变化

　　第二次示踪试验由于示踪剂浓度回收时浊度都大于 60，因此荧光素钠回收浓度较小，且罗丹明 B 未接收到。由于第一次示踪试验浊度较小，对荧光素钠回收浓度影响较小，对比第一次和第二次荧光素钠回收率（式 5-23），从而明确浊度对荧光素钠的影响（Mudarra et al.，2014；何师意等，2009）。

$$m = \sum_{i=1}^{n} c_i q_i t \qquad (5\text{-}23)$$

其中，m 表示回收量（g）；i 表示回收次数；c_i 表示第 i 次回收浓度（μg/mL）；q_i 表示第 i 次流量（m³/s）；t 表示间隔时间（s）。利用式（5-23）计算三次荧光素钠回收率分别为 64.6%、20.6%、37.1%，第二次、第三次罗丹明 B 回收浓度分别为 0、28.5%，可见第二次试验浊度对示踪剂影响较大，回收率较低，第三次次之，第一次试验影响最小。从第三次荧光素钠和罗丹明 B 回收率对比可知罗丹明 B 对浊度更为敏感。推测可能原因是由于罗丹明 B 分子量（479.01）比荧光素钠高（376.27），浊度影响更多罗丹明 B 分子吸收激发光而降低了荧光强度。分析认为当浊度小于 25 时，对示踪剂基本无影响；当浊度大于 65 时，由于浊度影响较大，此时示踪试验结果不能用于分析岩溶管道参数。

　　利用 QTRACE2 程序可分析第一次示踪试验结果，参数估算见表 5-7。

表 5-7　QTRACER2 程序参数估算表

管道参数	平均流速/(m/d)	弥散系数/(m²/s)	纵向弥散系数/m	管道体积/m³	管道直径/m	回收率/%	Peclet 数
估算值	574.32	0.1	15.0	177 550	8.7	64.6	200.45

　　以不同水动力条件下三次示踪试验为研究对象，通过高精度监测手段定量分析了浊度来源及对示踪试验的影响。通过地下河浊度和流量曲线分析了地下河出口浊度来源，计算出上、下临界流量分别为 0.7m³/s、0.4m³/s；当流量大于上临界流量时，水流属于紊流状态，浊度主要来源于外源悬浮物；当流量小于下临界流量时，水流属于层流状态，浊度主要来源于管道内部再悬浮颗粒。然后对比分析了浊度与示踪剂浓度曲线，认为当浊度小于 25 时，浊度对示踪剂基本无影响；当浊度大于 65 时，浊度与示踪剂呈负相关关系，且浊度对罗丹明 B 影响更大。最后估算了岩溶管道体积、弥散系数及平均流速等参数，为进一步水资源评价提供科学基础。试验结果较好地反映了西南典型岩溶地下河动态特征，对于分析岩溶管道结构及推求水文地质参数有很好的推广应用价值（赵良杰等，2016）。

第六章　水资源评价数值模型

第一节　国内外研究动态

岩溶水系统模拟研究可分为两大类：第一类以模拟水岩相互作用和岩溶系统的发育过程，第二类以模拟水、沉积物、水化学成分的运移。Dreybrodt 等（2005）汇集了有关岩溶系统演化模拟的主要进展。以地下水化学和水文水力学原理为基础，Dreybrodt（1988，1996）和 Palmer（1991b）首次建立一维裂隙在不同边界条件下的演化的数值模型。类似的研究还包括 Lauritzen（1992），Groves 等（1994a）及 Howard 等（1995）关于裂隙网络演化的二维模型。Siemers（1998）和 Dreybrodt 等（2000）研究了在不同岩性和水力条件下二维入渗网络的演化问题，并将其研究成果推广到一系列实际问题之中，如大型水利构筑物附近的岩溶化问题。Clements 等（1996）和 Bauer（2002）提出了双重介质孔隙裂隙模型。第二类岩溶水系统模型则是模拟岩溶介质系统中水和溶质的运移。岩溶含水系统与多孔介质含水层不同具有高度的不均质性（White，1977）。通常被描述为含有水力特性差异巨大的基质孔隙、不连续断裂和岩溶导水管三重空隙的介质。在过去几十年里，岩溶地下水水量模拟可以分为三种方法。第一种可称为"集中参数（lumped parameter）"方法，包括"黑箱（black box）"法（Dreiss，1982）和"水箱（water-box）"法（Halihan et al.，1998）。"黑箱"法忽略了岩溶含水层系统中水流状况的复杂性，整个含水层系统被当作一个独立的单位来研究降水和地表水入渗过程下的岩溶涌水反应。"水箱"法是用几个水箱和水管组成的实验室模型来解释暗渠含水层对降水的反应。在没有足够野外数据的时候，建立一个集合参数模型是可行的，但是它却很难描述岩溶含水层的不均质性和流域里水头的空间变化。第二种是当水文地质情况简单，并且能对岩溶涌水含水层系统的地下水水流状况和含水层参数有更好的理解的基础上简单地整合为一个简化的解析表达式的时候。解析方法是另一种可以用来研究岩溶水涌流量的方法（Lin et al.，1988）。但是，由于众多的假设条件，解析方法的最大不足是它的实际应用有限。第三种方法为数值模拟，是研究不均质性对水力特性的影响的有效途径。一般来说，数值模拟中有三种方法可以用来描述岩溶三重空隙介质含水层。最简单的方法是假设岩溶含水层为一个等同多孔介质，暗渠和较宽的断裂则被认为是一个渗透性大的区域（Teutsch，1993；Wicks et al.，1995；Eisenlohr et al.，1997a，1997b）。该方法仅限于轻微或中等发育的岩溶含水系统，但当管道或断裂流占主导的时候该方法的模拟误差会较大。第二种方法称为双重空隙（dual porosity）或双层渗透（double permeability）介质模型（Barenblatt et al.，1960；Mohrlok et al.，1997；Cornaton et al.，2002）。这种方法的基本思想为假设断裂的岩石由两个重叠的水力相关的连续介质组成：一个入渗率小包含主要孔隙的基质连续介质和一个入渗率大包含次要孔隙的基于线性水流的断裂连续介质（Cornaton et al.，2002）。该方法同样不能精确地模拟管道流尤其是地下河流。第三种方法为能更好地描述岩溶介质-网状裂隙（matrix-fissure）和导水管的三重孔隙模型。Zhang 等（2000）通过使用修改的 MODBRANCH 和普乐斯门狭槽（Pressmann slot）方法来描述横坑中的水流，试验了一种组合的方法来模拟一个横坑-管道系统。Liedl 等（2003）建立了一维管道与三位网络流组合模型，表明模拟岩溶地下水的关键取决于确定一个有效的方法来综合模拟管道或地下河非线性流和基质中的层流。另外在地表水文模拟方面迄今为止尚不存在较适合岩溶水系统的水文模型。下列因素使得建立岩溶区地表水文模型比较困难：①集水区的划分不能像非岩溶一样用地形图像确定；②由于岩溶管道可能在不同高度上排水，岩溶集水区会随水位而变化；③由于岩溶管道在不同降水强度下的开放或封闭，岩溶水系统排水点具随机性；④岩溶地下水位往往不连续和其他因素等；⑤岩溶地区特殊的地质条件包括溶洞、裂隙、孔隙等致使岩溶地区地表水入渗率于其他非岩溶地区不同；⑥当河段跨越不同岩石性质的区域时地表水和地下水之间的流量会因此产生变化；⑦在入渗率大和入渗率小的交界地露出地面时还有自流泉经常形成；⑧此外，由于地下水系统的渗透性、孔隙度及稳定性在短距离上有很大差易，使得利用地面观测进行岩溶水文预测十分困难。

目前基于水量平衡的地表水文模型不下几百种，其中以由美国国家环境保护局支持开发的水文模拟程序（hydrologic simulation program-fortran，HSPF）较为完整地考虑地表水文过程（Donigian，1983），地下水系统尽管作了简化，但也包含在模型系统内。HSPF 主要用于渗透和非渗透表面的水文、水质及河流，水库间物质传输过程模拟。由美国农业部开发的 SWAT 模型是一个分布参数模型，多用于连续性地模拟长期水文变化（Arnold et al.，1998）。SWAT 模型对地下水部分仅限于模拟根系带以内的非饱和带，而我国西南岩溶地下水埋深较大，介于根系以下和地下水饱和带部分不能模拟。SWAT 使用美国农业部土地保护局的 SCS 方法估算地表产流，在岩溶区使用 SCS 方法和其他方法往往导致地表径流量估算的差异，从而降低了防洪泄水管道和设施设计的精度，这主要是因为传统水文模型不考虑碳酸盐地区落水洞、裂隙、孔隙等的储水作用。

传统水文模型也不考虑当岩溶管道、裂隙储水量达到饱和时地表水的漫流。即使土壤和地形特征类似，岩溶地区与非岩溶区地表径流都会有很大程度的不同。

另外，大多数的水文研究从定义一个能够计算水资源平衡量的研究区域开始。这个看起来简单的步骤，由于水文系统的组成过程之间的相互作用，对岩溶系统而言却十分困难。地表水的研究通常以定义基本的流域或排水区域的界限为起始点。同样，地下水研究通常以根据地质界线或由等压线图得出的地下水分水岭来定义无水流流通的边界为起始点。这两种界限在岩溶系统中可能不重合。

地表或地下水文模型通常以模拟地表或地下水文水力学过程为主。传统水文模型存在下列关键不足：①地表或地下水文模型相互不沟通；②地表水文模型不关心流进地下水系统的水量；③地下水模型只能看到通过地面补给的水量；④地表或地下水文模型谁也不知道另一世界发生了什么；⑤物理结构上来说，地表地下水系统从补给区到排泄区都是不可分割的——尤其是岩溶水系统地表地下河交替补给。有了耦合模型，地表水模型会告诉地下水文模型所期望的是什么，地下水文模型可告诉地表水模型从地表来的量怎么消耗了和去向。更重要的是地表地下两者实时的通过公共边界（如地表面、河床等）相互作用交换。耦合模型更能客观地模拟岩溶水系统的物理过程，提高模拟精度。数值模型的开发大多从简单研究对象、单一研究范畴开始，早期计算机的计算能力限制了数值模型的使用范围，随着计算机功能的增强，耦合模型模拟逐步在增加。

目前国内外还没有专为岩溶水系统开发的水文模型。由美国农业部开发的SWAT模型在我国有对岩溶水系统的尝试但结果不十分理想。美国国家环境保护局的SWMM在桂林丫吉和重庆金佛山两地小型集水系统使用，证明能较好地模拟管道流，但明显不能模拟基流。基流是岩溶水系统很重要的资源量。美国地质调查局的MODFLOW-CFP可以模拟管道流，但管道流模拟很有局限性。MODFLOW-CFP的管道流模块对我国南北方岩溶水系统的模拟有很大的局限性。

第二节　岩溶地下水系统耦合模拟

耦合的岩溶水系统模拟模型（KWMS）的开发以美国国家环境保护局（USEPA）水文模型SWMM和美国地质调查局（USGS）的地下水文模型MODFLOW-CFP为基础。耦合模型开发包括：①地表-地下水系统的耦合（surface subsurface flow coupling）；②管道流与含水层水量交换（conduit flow and groundwater exchange in SWMM）；③耦合模型中管道流模块（conduit flow modeling）。MODFLOW-CFP与SWMM的耦合包括空间耦合与时间耦合。空间耦合重点在于亚集水区与地下水网格交换，以及管道与地下水网格交换。时间耦合是指SWMM和MODFLOW-CFP在同一时间部长间交换，或者SWMM时间步长与MODFLOW-CFP时间段交换。

SWMM的局限性包括：含水层是用集中参数平均值代替的，一个含水层使用一个水位平均值，以及不能充分模拟管道与含水层水流相互交换，不能模拟地下水基流量。MODFLOW-CFP 的局限性包括唯一圆形管道，且必须等直径，管道底部位于同一高程不能有梯度，管道系统内任何部分不能回水，地下水体与地表不能联系（只接受给定或计算的入渗量），不能模拟落水洞或竖井积水消水过程。图 6-1 为地表、地下含水层与管道耦合模型示意图。

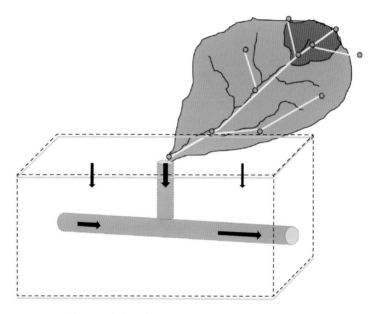

图 6-1　地表、地下含水层与管道耦合模型示意图

一、降水入渗模拟

降水入渗是地表、地下水文模型耦合的重要通量。地表水入渗量直接被地下水系统接收。该量扣掉土壤非饱和带储存的水量就是传统的地下水补给量。耦合模型沿用 SWMM 的两种入渗量计算方式及 Horton 公式与 Green-AMPT 入渗模型。

（一）Horton 公式

计算入渗曲线的一种经验公式，系霍顿（Horton）于 1933 年在大量土壤入渗实验基础上建立起来。其形式为

$$f = f_c + (f_0 - f_c)$$

式中，f 为入渗率；f_c 为稳定入渗率；f_0 为初始入渗率。霍顿入渗公式因其参数具有广泛灵活性，与实际观测资料配合较好，故被广泛采用，但它只有在降雨强度超过入渗强度时才有效。

（二）Green-Ampt 入渗模型

Green-Ampt 入渗模型可表示为

$$f = K_s + \left(1 + \frac{S_f}{Z_f}\right)$$

式中，f 为土壤入渗率（cm/min）；K_s 为土壤饱和导水率（cm/min）；S_f 为湿润锋处平均吸力（cm）；Z_f 为概化的湿润锋深度（cm）。

首先，Green-Ampt 入渗模型是针对非饱和土壤入渗而言的，非饱和土壤水分运动属于非稳定情况。从其公式表达形式来看，它由两部分组成，即重力作用和基质作用，并且通过概化土壤水分剖面，将湿润锋至入渗面间的土壤看成饱和的，这样重力作用类似于饱和土壤水分运动所发挥的作用。为了体现非饱和土壤入渗特性，将基质作用通过概化湿润锋处的平均吸力进行体现，因此 Green-Ampt 入渗模型在形式上类似于饱和 Darcy 定理，又可以反映非饱和土壤入渗特性，同时又比非饱和 Darcy 定理简单。所以，Green-Ampt 入渗模型是介于饱和与非饱和 Darcy 定理之间，具有 Darcy 定理所具有的功能。虽然是按照均质土壤导出，但应用到非均质土壤或初始含水率分布不均匀的情况时，也都能获得较好的结果。

其次，由于 Green-Ampt 入渗模型将重力作用和基质作用截然分开，而基质作用又是通过简单代数形式进行描述，因此便于人们通过简单分析计算来揭示不同条件下，重力势和基质势在其中发挥的作用和相应的影响因素，特别在分析层状土入渗特性方面发挥着更为重要的作用。

最后，根据 Green-Ampt 入渗模型和 Philip 入渗模型都是基于一定物理基础的特点，分析两个模型参数间内在关系。根据实验资料拟合结果计算发现在入渗时间较短情况下，两个模型计算精度都比较高，而对于较长入渗时间 Philip 入渗模型偏差较大，说明 Green-Ampt 入渗模型较 Philip 入渗模型所要求的参数精度更低，对参数的灵敏性更弱。

二、集水区地表流模拟

地表水模拟建立于分布参数概念上。整个模拟区根据地形地面高程，土地利用，植被等条件划分成多个子集水区。每一个子集水区又分成三部分，分别代表可入渗区、不可入渗区有地表储水和不可入渗区没有地表储水。子集水区的出流是这三部分地表径流的综合。

集水区地表水流模拟依据水量平衡和动量守恒。质量守恒可以用下列公式描述：

$$\frac{\partial y}{\partial x} = A\frac{\partial y}{\partial x} = A \cdot i - Q$$

其中，t 为时间；A 为子集水区表面积；i 为有效降水；Q 为流出子集水区的流量。动量守恒则可用曼宁公式（Manning's formula）描述：

$$Q = W \cdot \frac{1}{n}(d - d_p)^{5/3} S^{1/2}$$

其中，W 为子集水区代表性宽度；n 为曼宁系数；d 为水深；d_p 为地表储水去深度；S 为子集水区平均坡度。将两个公式组合我们得到：

$$\frac{dd}{dt} = i - \frac{W}{A \cdot n}(d - d_p)^{5/3} S^{1/2}$$

以时间步长进一步分解我们得到：

$$\frac{d_2 - d_1}{\Delta t} = i - \frac{W}{A \cdot n}\left[d_1 + \frac{1}{2}(d_2 - d_1) - d_p\right]^{5/3} S^{1/2}$$

新时间步长里的地表水深度和通过牛顿迭代解出。

三、孔隙裂隙水三维地下水模拟

地下水模拟基于三维 Richard 公式：

$$\frac{\partial}{\partial x}(K_x\frac{\partial h}{\partial x}) + \frac{\partial}{\partial y}(K_y\frac{\partial h}{\partial y}) + \frac{\partial}{\partial z}(K_z\frac{\partial h}{\partial z}) = S_s\frac{\partial h}{\partial t} - W$$

其中，h 为水头高度；S_s 为含水层储水系数；W 为含水层源或汇；K_x，K_y，K_z 分别是 x，y，z 方向上水力传导系数。

对于非均匀介质的岩溶水系统，地下水在裂隙管道中流速较快，雷诺数往往超出层流区间。所以 Richard 公式需要调整以适应地下紊流态水流。调整的公式如下：

$$\frac{\partial}{\partial x}(K_{turb\_x}\frac{\partial h}{\partial x}) + \frac{\partial}{\partial y}(K_{turb\_y}\frac{\partial h}{\partial y}) + \frac{\partial}{\partial z}(K_z\frac{\partial h}{\partial z}) = S_s\frac{\partial h}{\partial t} - W$$

其中，K_{turb_x}，K_{turb_y} 分别为 x，y 方向上的紊流态水力传导系数。

四、岩溶管道流模拟

新开发的管道流模拟利用圣维南（Saint-Venant）连续性与动能平衡公式，连续性公式：

$$\frac{\partial Q}{\partial x} + \frac{\partial A}{\partial t} = 0$$

其中，A 为过水断面面积；x 为距离；t 为时间；Q 为流量。

动量平衡公式：

$$\frac{\partial Q}{\partial t} + gAS_f - 2V\frac{\partial A}{\partial t} - V^2\frac{\partial A}{\partial x} + gA\frac{\partial H}{\partial x} = 0$$

其中，H 为水头高度；V 为断面水流速；g 为重力加速度。

五、岩溶多管道分流模拟

分流量计算公式：

$$Q_{\text{div}} = C_w\left(fH_w\right)^{1.5}$$

其中，Q_{div} 为分流量；C_w 为分流系数；H_w 为分流板高度；f 为

$$f = \frac{Q_{\text{in}} - Q_{\text{min}}}{Q_{\text{max}} - Q_{\text{min}}}$$

其中，Q_{in} 为进入分流点的流量；Q_{min} 为分流点初始流量；$Q_{\text{max}} = C_w H_w^{1.5}$。

暴雨过程中，由于岩溶洼地底部落水洞排水不畅往往容易产生积水，降水过后水位慢慢消落。洼地底部积水消水可以用储水单元结模拟。

六、管道流与裂隙含水层三维流交换模拟

图 6-2 为管道流与三维裂隙流含水层示意图，表示了岩溶管道在三维裂隙含水系统的分布。管道与三维裂隙间水流交换通过以下公式定量描述：

$$q = \alpha \cdot \left(H_c - H_g\right)$$

其中，q 为管道与三维裂隙含水层水流交换量；α 为导水系数；H_c 为管道流水头；H_g 为对应的含水层水头。

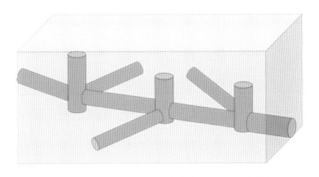

图 6-2 管道流与三维裂隙流含水层示意图

导水系数是管道周围介质水力传导系数与过水面积的乘积。管道流与含水层交换面示意图如图 6-3 所示，红线示意一过水断面上水力湿周，湿周与管道长的乘积得出过水面积。注意湿周随管道内水流深度变化，所以管道与三维介质交换面面积同样水时间变化。管道水与含水层间交换取决于两者间水头差（Andera et al.，2016；Hu，2010；Shoemaker et al.，2008）。

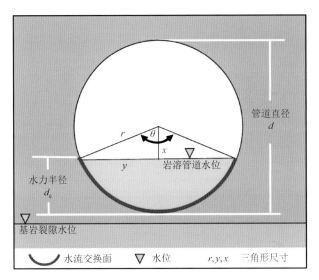

图 6-3 管道流与含水层交换面示意图

（Shoemaker et al.，2008）

七、地表地下水文水动力耦合模拟

耦合模型由 3 个模块组成：暴雨洪水管理模型（storm water management model，SWMM），管道流模块（MODFLOW-CFP）和耦合运算模块（broker）。图

6-4~图 6-6 分别是 SWMM、MODFLOW-CFP 和 Broker 的流程图。首先，SWMM
对降雨等引起的地表水进行处理，得到渗入量后，传给 MODFLOW-CFP 进行有限
微分方程的解取。这两个模块通过 Broker 建立数据管道，进行数据的传递。岩溶
水耦合模型系统包括 5 种模拟模式：①管道模式；②裂隙模式；③管道与裂隙模式；
④落水洞管道连接模式；⑤落水洞管道连接与裂隙模式。

管道模式利用曼宁公式来计算地下水流量值。裂隙模式则采用等效水力传导
系数来计算该流量值。模式 3 结合了管道模式与裂隙模式，计算地下水流量。上
述模式有如下缺点：首先，管道模式假设管道为水平管道，并未考虑倾斜管道的
情况。其次，在管道模式中，管道中的水仅为周围介质发生交换，并没有考虑落
水洞与地下管道的直接连接关系。在实际情况中，管道多为倾斜管道，并且管道
流量来源于周围介质与落水洞。因此，采用上述模式并不能很好地模拟实际地下
水系统的结构。基于上述考虑，我们加入了模式 4 与模式 5。落水洞管道连接模
式考虑了地下水管道与落水洞的直接连接关系。同时，在计算流量时，加入了倾
斜管道的考虑。上述两点很好地克服了管道模式的缺点，综合考虑了地表与地下
水的连接关系，更具有代表性。

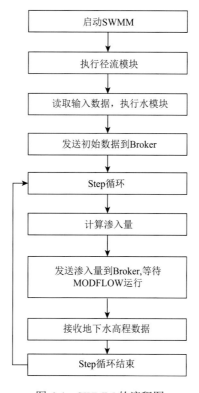

图 6-4　SWMM 的流程图

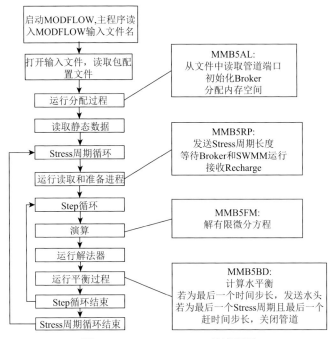

图 6-5　MODFLOW-CFP 的流程图

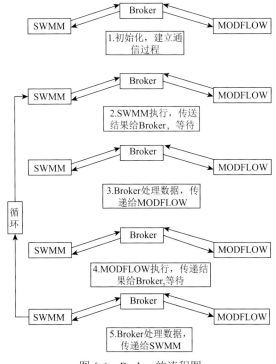

图 6-6　Broker 的流程图

第三节　水资源评价模型建立

本节以研究区为例，利用 SWMM 和 MODFLOW 模型构建地表地下水系统水文耦合模型，并开展应用分析。其中耦合模型中的地表径流、降雨、管道模拟等由 SWMM 完成，地下水流场模拟、管道与裂隙交换模拟等由 MODFLOW 模型完成，二者之间利用 Broker 模块进行连接，相互传递入渗量、水位等数值。模型模拟期统一设定为 2014 年 1 月 1 日～2014 年 12 月 31 日。

一、SWMM 原理

SWMM 是经过不断的完善和升级，目前已经发展到 SWMM 5 版本。它是主要为设计和管理城市排（污）水管网系统而研制的综合性数学模型，可以模拟完整的城市降雨径流和污染物运动过程。SWMM 主要有径流模块、输送模块、扩展的输送模块、调蓄/处理模块和受纳水体模块等，它们之间的关系如图 6-7 所示，该模型组成及主要参数见表 6-1。

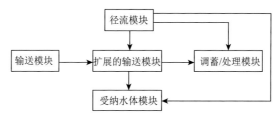

图 6-7　SWMM 关系图

表 6-1　SWMM 组成及主要参数

模型组成	主要参数	指标	说明
气象	气温、蒸发量	可输入小时或每日平均气温（℃）和蒸发量（mm）	其他气象水文参数还包括风速（km/h）、融雪、积雪等，其他水动力参数还包括抽水站、流量堰、控水闸
水文	雨量站	时间序列降雨强度（mm/h）	
	次级集水区	面积、宽度、坡度、曼宁系数	
	含水层	土壤孔隙度，饱和水力传导率，土壤水分蒸发蒸腾深度，含水层底部高程及初始水位高程与初始水分含量	
	单位流量过程曲线	R-T-K 三个参数表达，R 为进入管道的降雨量比例，T 为降用开始到达流量峰值的时间，K 为衰减时间与峰值时间的比率	
水动力	节点、管道、出口	节点与出口高程，管道长度、形态及粗糙度	

续表

模型组成	主要参数	指标	说明
其他	流量过程模型	含三种方法：Steady Flow，Kinematic Wave，Dynamic Wave	
	入渗模型	含三种入渗方法：Horton，Green-Ampt，Curve Number。主要参数包括最大与最小入渗速率、衰减常数、土壤干燥时间、土壤毛细管吸水深度、饱和水力传导率、初始亏损率	

SWMM 包括坡面汇流、边沟汇流、干管汇流和出流排水等部分，计算流程图如图 6-8 所示。整个演算过程可分为地表产流子系统演算、地表汇流子系统演算和传输子系统流量演算。

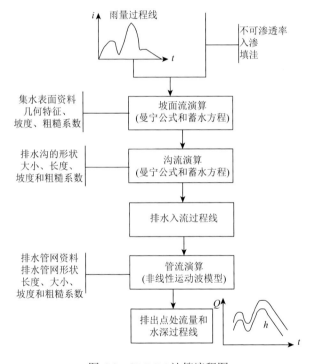

图 6-8　SWMM 计算流程图

（一）地表产流子系统演算

产流由三部分组成：对于不透水面积上的产流等于其上的降雨量；对于带有蓄水的不透水面积上的产流等于其上的降雨量减去初损即填注量；对于透水面积上的产流不仅要扣除填注量，还要扣除下渗引起的初损。SWMM 中采用 Horton 公式计算卜渗量。

（二）地表汇流子系统演算

地表汇流演算是通过把概化子流域的 3 个部分近似作为非线性水库而实现的，即联立求解连续方程和曼宁公式：

$$\frac{dV}{dt} = F\frac{dh}{dt} = Fr_s - Q$$

$$Q = w\frac{1.49}{n}(h - h_p)^{5/3} s^{1/2}$$

式中，F 为汇水区地表面积（m^2）；V 为汇水区集水量（m^3）；h 为汇水区蓄水深（mm）；r_s 为产流分析得到的地面径流率（m/s）；Q 为坡面出流量，为坡面排入管道和河道的流量（m^3/s）；h_p 为汇水区洼地蓄水深（mm）；w 为汇水区特征宽度（m）；S 为子流域坡度；n 为曼宁系数；t 为时间（s）。

（三）管网汇流子系统演算

管网汇流子系统演算在 SWMM 中可以通过输送模块或扩展的输送模块来演算。采用连续性方程和动力方程构成的圣维南方程组：

$$\frac{\partial Q}{\partial t} + \frac{\partial A}{\partial t} = q$$

$$gA\frac{\partial H}{\partial x} + \frac{\partial(Q^2/A)}{\partial x} + \frac{\partial Q}{\partial t} + gAS_f = 0$$

式中，Q 为流量（m^3/s）；A 为过水断面面积（m^2）；H 为管内水深（m）；g 为重力加速度（9.8m/s^2）；S_f 摩阻比降；q 为单位长度旁侧入流量。结合初始条件和边界条件，用有限差分法求解上述两个方程组，则得到汇水区域的 SWMM。

二、模型模拟结果

（一）数据准备

1. GIS 基础数据

对寨底地下河流域通过 ArcGIS 建立 1：10000 数字地形图（DEM），结合野外调查和试验，确定流域边界、地下河管道分布、地下水子系统边界等，建立一套完整的地理信息系统（GIS），为水文模拟提供基础。

2. 地下水动态监测数据分析和应用

海洋—寨底地下河系统内建立了一系列水位、流量、水质、降雨量等自动化监测站，积累了多年动态监测数据，这些监测数据为构建 SWMM 提供了依据。

3. 示踪试验数据分析和利用

海洋—寨底地下河系统内主要地下河子系统均开展了连通试验，查证了不同地段的地下河管道的走向（地下水径流方向和路径）和平面上的分布、地下水的水力联系特征等；试验结果确定了海洋—寨底地下河系统主要内存在四段地下河，分别为邓塘 G006—钓岩 G016、琵琶塘 G029—水牛厄 G030、甘野 G054—东究 G032 和响水岩 G037—寨底 G047，试验结果为 SWMM 建模中子系统（或块段）划分的充分依据。

上述 3 个方面的数据及资料，为 SWMM 建模中水文模型概化提供重要基础。

（二）模型概化

通过 GIS ARC/View 软件将海洋—寨底地下河系统进行子流域单元划分，共划分 29 个子流域，42 个连接点，42 个地表地下连接管道。海洋—寨底地下河系统子流域划分见图 6-9，节点分布见图 6-10，地表河地下岩溶管道模型概化分布见图 6-11。水点之间的关系通过地表河道和地下河连接，最终汇入主管道，从寨底地下河出口（G047）排出。

（三）内部结构单元参数设置

子流域设置的主要参数包括面积、坡度、可入渗和不可入渗的比例、填洼深度、地表粗糙系数（根据地表土被状况确定）、结点设置高程等。其中，面积、坡度在 ArcGIS 中由流域 DEM 计算获得；可入渗和不可入渗的比例结合土地利用数据确定，其中居民地和独立工矿用地及裸岩石砾为不可入渗地面，约占 5.91%，结点高程根据洼地底部高程与包气带厚度确定。

管道参数包括长度、粗糙系数等。长度由调查后在地图上量算得到，概化过程中使管道趋近平直，比实际管道长度小。粗糙系数设置：对于地表河道，粗糙系数参照表 6-2 进行选取；对于地下河管道，参考混凝土的粗糙系数（曼宁系数）为 0.012～0.017 来设置，先将所有地下河管道的粗糙系数设定为 0.015，然后将该参数带入模型进行运算，通过模型的识别和验证，对各地下河管道的粗糙系数进行调整。

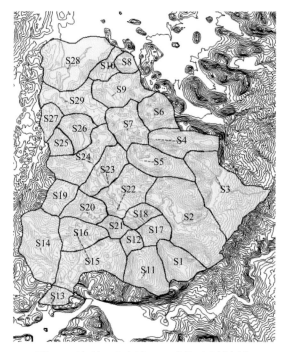

图 6-9　海洋—寨底地下河系统子流域划分

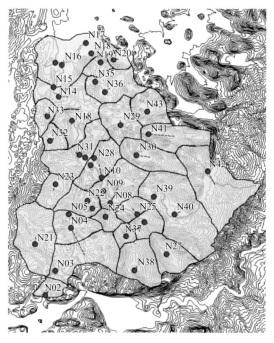

图 6-10　海洋—寨底地下河系统节点分布

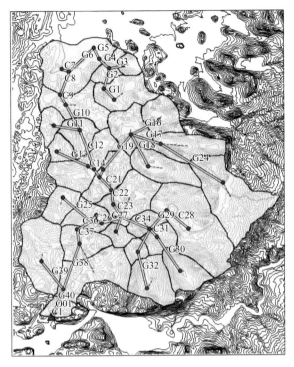

图 6-11　地表河地下岩溶管道模型概化分布

表 6-2　天然河道粗糙系数

类型	河段特征			粗糙系数
	河床及床面特征	平面形态及水流特征	岸壁特征	
I	河床为沙质，床面平整	河段顺直，断面规整，水流通畅	两侧岸壁为土质或土沙质，形状较整齐	0.020~0.024
II	河床由岩板、砂砾石或卵石组成，较平整	河段顺直，断面规整，水流通畅	两侧岸壁为土沙或石质，形状较整齐	0.022~0.026
III	河床为沙质，河底不太平顺	上游顺直，下游缓弯，水流不够通畅，有局部汇流	两岸岸壁为黄土，长有杂草	0.025~0.026
	河床由沙砾或卵石组成，床面尚平整	河段顺直段较长，断面较规整，水流较畅通，无死水、回流	两岸岸壁为砂土、岩石，略有杂草、小树，形状较整齐	0.025~0.029
	细砂，河底中有稀疏水草或生物植物	河段不够顺直，上下游附近弯曲，有挑水坝，水流不通畅	土质岸壁，一岸坍塌严重，为锯齿状，长有稀疏杂草及灌木	0.030~0.034
IV	河床由砾石或卵石组成，底坡尚均匀，床面不平整	顺直段距上弯道不远，断面尚规整，水流尚通畅，斜流或回流不甚明显	一侧岸壁为石质、陡坡，形状尚整齐；另一侧岸壁为砂土，略有杂草、小树	0.032~0.036
V	河床有卵石、块石组成，间有大漂石，底坡尚均匀，床面不平整	顺直段夹于两弯道之间，断面尚规整，水流显出斜流、回流或死水现象	两侧岸壁均为石质、陡坡，长有杂草、小树，形状尚整齐	0.035~0.040

类型	河段特征			粗糙系数
	河床及床面特征	平面形态及水流特征	岸壁特征	
VI	河床有卵石、块石、乱石或大石块、大乱石及大孤石组成；床面不平整，底坡有凹凸状	河段不顺直，上下游急弯，或下游有急滩、深坑等；河段处有 S 形顺直段，不整齐，有阻塞或岩溶情况发育；水流不通畅，有斜流、回流、漩涡	两侧岸壁为岩石及沙石，长有杂草，数目，形状尚整齐；两侧岸壁为石质沙夹乱石、风化页石，崎岖不平整，上面长有杂草，树木	0.040~0.070

　　海洋—寨底地下河系统模型子流域物理特性见表 6-3，节点参数见表 6-4，岩溶管道和地表河相关参数见表 6-5。子流域编号 S1、S2…S29，节点编号 N02、N03…N43。管道编号 G1、G2…G40，地表河编号 C1、C2…C37，出口高程 201m。

表 6-3　海洋—寨底地下河系统模型子流域物理特性

汇水区	汇水面积/ha	平均水流长度/m	平均坡度/%	对应含水层	最低点地面高程/m
S1	102.12	2042.4	66	S1AQ	475
S2	332.17	6643.4	48	S2AQ	375
S3	281.6	5632	55	S3AQ	550
S4	123.17	2463.4	45	S4AQ	416
S5	123.94	2478.8	43	S5AQ	392
S6	91.19	1823.8	10	S6AQ	322
S7	114.67	2293.4	18	S7AQ	320
S8	31.90	638	7	S8AQ	325
S9	122.61	2452.2	12	S9AQ	343
S10	45.52	910.4	8	S10AQ	325
S11	130.42	2608.4	57	S11AQ	349
S12	33.14	662.8	36	S12AQ	370
S13	39.63	792.6	18	S13AQ	200
S14	204.93	4098.6	26	S14AQ	250
S15	182.85	3657	27	S15AQ	249
S16	100.38	2007.6	30	S16AQ	275
S17	59.97	1199.4	47	S17AQ	305
S18	50.75	1015	42	S18AQ	300
S19	71.74	1434.8	21	S19AQ	417
S20	79.12	1582.4	18	S20AQ	272
S21	37.3	746	24	S21AQ	289
S22	144.72	2894.4	29	S22AQ	275

汇水区	汇水面积/ha	平均水流长度/m	平均坡度/%	对应含水层	最低点地面高程/m
S23	105.46	2109.2	26	S23AQ	275
S24	150.41	3008.2	14	S24AQ	290
S25	42.87	857.4	15	S25AQ	394
S26	78.6	1572	15	S26AQ	300
S27	47.16	943.2	10	S27AQ	325
S28	226.78	4535.6	8	S28AQ	311
S29	129.63	2592.6	8	S29AQ	300

注：ha 为公顷的单位符号，$1ha = 10^4 m^2$。

表 6-4　海洋—寨底地下河系统模型节点参数

节点名	节点底部高程/m	节点地面高程/m	落水洞深/m	溢水高度/m	落水洞地面储水体积/m³
N02	201	211	10	10	0
N03	229	249	20	0	0
N04	249	269	20	0	10000
N05	271	271	0	0	0
N06	272	272	0	0	0
N07	275	275	0	0	0
N08	278	278	0	0	0
N09	280	280	0	0	0
N10	285	285	0	0	0
N11	288	288	0	0	0
N12	290	290	0	0	0
N13	300	300	0	0	0
N14	300	305	5	0	0
N15	309	309	0	0	0
N16	311.22	311.22	0	0	0
N17	312	312	0	0	0
N18	318	323	5	0	0
N19	320	325	5	0	0
N20	325	325	0	0	0
N21	255	305	50	50	400
N22	275	275	0	0	0
N23	318	418	100	0	0
N24	289.43	289.43	0	0	0
N25	300	300	0	0	0

续表

节点名	节点底部高程/m	节点地面高程/m	落水洞深/m	溢水高度/m	落水洞地面储水体积/m³
N26	305.24	305.24	0	0	0
N27	350	475	125	0	300
N28	279	299	20	5	0
N29	290	315	25	25	0
N30	330	392	62	0	0
N31	300	300	0	0	0
N32	315	395	80	0	0
N33	310	325	15	0	0
N34	322.77	322.77	0	0	0
N35	330	345	15	0	0
N36	335	348	13	0	0
N37	335	370	35	0	0
N38	349.74	384.74	35	0	500
N39	325	350	25	0	0
N40	375	375	0	0	0
N41	356	416.86	60.86	0	0
N42	400	550	150	150	1000
N43	300	325	25	25	0

表 6-5　海洋—寨底地下河系统模型岩溶管道和地表河相关参数

编号	长度/m	曼宁系数	入口端点高程/m	出口端点高程/m	坡度	断面形状	断面尺寸				
G1	422.21	0.012	335	330	0.011 84	force_main	0.75	0.18	0	0	1
G2	576.23	0.012	330	320	0.017 36	force_main	0.75	0.18	0	0	1
G3	409.73	0.013	325	325	0.000 0	circular	1	0	0	0	1
G4	374.7	0.013	320	318	0.005 34	force_main	0.75	0.18	0	0	1
G5	339.91	0.013	318	312	0.017 65	circular	2	0	0	0	1
C6	953.37	0.032	312	311	0.001 05	trapezoidal	3	3	1	1	1
C7	210.23	0.035	322	311	0.052 4	trapezoidal	1	2	1	1	1
C8	687.08	0.032	311	309	0.002 91	trapezoidal	3	3	1	1	1
C9	315.74	0.035	309	300	0.028 52	trapezoidal	3	3	1	1	1
G10	782.8	0.016	300	300	0.000 0	force_main	2	0.18	0	0	1
G11	741.15	0.015	310	300	0.013 49	force_main	1	0.18	0	0	1
C12	1 151.77	0.026	300	290	0.008 68	trapezoidal	5	3	1	1	1

续表

编号	长度/m	曼宁系数	入口端点高程/m	出口端点高程/m	坡度	断面形状	断面尺寸				
G13	961.81	0.026	315	300	0.015 60	force_main	1.5	0.18	0	0	1
C14	194.36	0.023	300	290	0.051 52	trapezoidal	2	1	1	1	1
C15	264.45	0.022	290	288	0.007 56	trapezoidal	5	3	1	1	1
G16	864.41	0.017	300	290	0.011 57	force_main	1	0.18	0	0	1
G17	856.47	0.017	356	320	0.042 07	force_main	1	0.18	0	0	1
G18	992.07	0.017	330	315	0.015 12	force_main	1	0.18	0	0	1
G19	1 239.64	0.017	290	279	0.008 87	force_main	1.5	0.18	0	0	1
C20	235.31	0.030	279	275	0.017 00	trapezoidal	2	2	1	1	1
C21	485.3	0.032	288	285	0.006 18	trapezoidal	5	3	1	1	1
C22	391.57	0.032	285	280	0.012 77	trapezoidal	5	3	1	1	1
C23	413.93	0.033	280	278	0.004 83	trapezoidal	5	3	1	1	1
G24	2 056.94	0.017	400	356	0.021 4	force_main	1	0.18	0	0	1
G25	1018.1	0.016	318	272	0.045 23	force_main	1	0.18	0	0	1
C26	320.03	0.037	275	272	0.009 37	trapezoidal	5	10	1	1	1
C27	558.89	0.038	278	275	0.005 37	trapezoidal	5	8	1	1	1
C28	802.74	0.038	375	350	0.031 16	trapezoidal	2	1	1	1	1
G29	710.64	0.015	325	300	0.035 2	force_main	1	0.18	0	0	1
G30	1 132.01	0.015	350	305	0.039 78	force_main	1	0.18	0	0	1
C31	304.15	0.036	305	300	0.016 44	trapezoidal	2	2	1	1	1
G32	1 025.1	0.017	349	335	0.013 66	force_main	1	0.18	0	0	1
G33	701.26	0.017	335	300	0.049 97	force_main	1	0.18	0	0	1
C34	862.79	0.026	300	278	0.025 51	trapezoidal	3	2	1	1	1
C35	236.67	0.033	275	272	0.012 68	trapezoidal	2	1	1	1	1
C36	447.27	0.033	272	271	0.002 24	trapezoidal	5	10	5	5	1
C37	397	0.036	271	270	0.002 52	trapezoidal	5	10	5	5	1
G38	1 319.2	0.016	249	229	0.015 16	force_main	2	0.18	0	0	1
G39	980.83	0.016	255	249	0.006 12	force_main	1.5	0.18	0	0	1
G40	770.41	0.017	229	201	0.036 37	force_main	2	0.18	0	0	1
G41	428.17	0.017	289	275	0.032 71	force_main	1	0.18	0	0	1

（四）系统水量平衡及水循环过程

降水到达地表后，经过截留、蒸散发、蒸腾、填洼、入渗后，有效降雨形成地表径流。水量平衡方程如下：

$$W_1 = W_0$$
$$W_1 = \sum t \times Q_1 + \sum t \times i \times S$$
$$W_0 = \sum t \times Q_0 + W_{入渗} + \omega = \sum t \times Q_0 + \sum t \times f \times S + \omega$$

由以上得到：

$$\sum t \times Q_1 + \sum t \times i \times S = \sum t \times Q_0 + \sum t \times f \times S + \omega$$

式中，W_1 为输入水量；W_0 为输出水量；Q_1 为输入流量；Q_0 为输出流量；ω 为蒸发量；S 为流域面积；h 为降雨量；i 为降雨强度；t 为降雨历时；f 为入渗率。

1. 截留、蒸发

截留是植被对降水到达地面的第一次阻截，也是对降雨的第一次再分配，减少了林地的有效降雨量，是水文循环过程的重要环节。蒸发主要通过野外自动气象站的观测数据计算得出，取平均值为 2.72mm/d。

2. 入渗

SWMM 中用于计算入渗损失和地表产流的模型有 Horton、Green-Ampt（G-A）和 SCS-CN（曲线数）三种。已有的研究与应用表明，SCS-CN 模型可用于估算岩溶区的入渗产流。本次模拟选用 SSCS-CN 径流曲线数模型；SCS-CN 法来源于 USDA 监测的小流域及山坡分区的径流经验分析。该方法具有广泛的资料基础且在应用中考虑了物理特性。SCS 径流方程是：

$$Q = \frac{(P - I_a)^2}{(P - I_a) + S}$$

式中，Q 为径流深（m）；P 为降雨（m）；S 为可能最大持水能力（m）；I_a 为初期损失（m）（包括地面洼地蓄水、植被截留、蒸发和入渗），是高度变化的，通常在 SCS 曲线方法中所作的进一步假定是 $I_a = \lambda \cdot S$，根据许多天然小流域资料一般假定 $\lambda = 0.2$，可得降雨径流总量：

$$Q = \frac{(P - 0.2S)^2}{P + 0.8S}$$

S 通过径流曲线数 CN（25～100）与土壤和流域覆盖条件建立关系：

$$S = \frac{1000}{CN} - 10$$

确定 CN 的主要因素是水文土壤分组、覆盖类型、处理方式、水文条件及前期径流条件。根据流域的土壤和地表覆被条件，进行不同土地利用面积的统计，按照（USDA SCS1985）赋以相应的 CN 值，然后取加权平均值（表 6-6）。

表 6-6 基于土地利用的 CN 参数选择参考

序号	地表覆被类型	CN	序号	地表覆被类型	CN
1	林地（良好密集）	25	4	稀疏灌木	35
2	草地-a（良好）	30	5	密集灌木	30
3	草地-b（介于中等于差之间）	44	6	竹林地	32

（五）模拟与讨论

以 2014 年 1 月 1 日～2015 年 1 月 1 日（一个水文年）为模拟期，进行模拟验证。海洋—寨底地下河系统 2014 年全年日降雨量和模拟结果如图 6-12 所示，验证期寨底总出口流量拟合曲线如图 6-13 所示。运行模型后，寨底地下河出口全年模拟结果与实测流量比较，拟合程度较好。其中 1 月 1 日～2 月 22 日、9 月 21 日～11 月 6 日和 11 月 11 日～12 月 31 日三个时段内的流量稳定，变化较小，代表枯水期流量。5 月 10～11 日持续降雨，累计降雨总量为 80.1mm，使得 5 月 11 日出现了全年流量的最大值 20.35m³/s。

可以看出，寨底地下河出口流量对暴雨的响应迅速，降雨强度超过土壤下渗能力时，超渗部分向洼地集中，降雨可较快地进入洼地底部的落水洞（模型中的管道

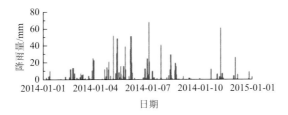

图 6-12 海洋—寨底地下河系统 2014 年全年日降雨量

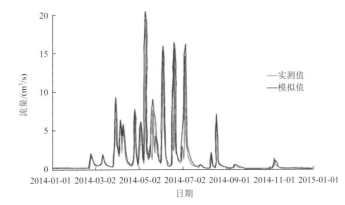

图 6-13 验证期寨底地下河出口流量拟合曲线

节点），补给地下水系统。直接来自雨水的比例在降雨期间比例较大，涨落均较快，衰减速率先快后慢，当降雨强度较小但持续时间较长，地下水位升高导致基流比例增加，对降雨响应滞后，雨水输入比例减少，衰减较缓。

经检验，寨底地下河出口的模拟流量与相对误差如表 6-7 所示。模拟期为2014 年 1 月 1 日～2014 年 12 月 31 日（一个水文年）寨底地下河出口总流量相对误差为 4.05%，符合模拟精度要求（＜15%）。

表 6-7　寨底地下河出口不同时段模拟流量与相对误差

时段	2014 年 1 月 1 日～2014 年 12 月 31 日
实测总流量/（×10^{4}m^3）	4257.38
模拟总流量/（×10^{4}m^3）	4429.62
相对误差/%	4.05

由于 SWMM 的局限性，其含水层是用集中参数平均值代替的，一个含水层使用一个水位平均值，以及不能充分模拟管道与含水层水流相互交换，不能模拟地下水基流量。因此，将 SWMM 计算出的降雨等地表水的入渗量作为源汇项，带入 MODFLOW 模型中进行计算，最终得出地下河系统整体的地下水流场分布图。

第四节　水资源评价结果分析与模型应用

一、概念模型

（一）研究区边界

研究区选择海洋—寨底地下河系统内碳酸岩地区（图 6-14），其中 D$_2$x 为信都组砂岩，东部补给边界，指岩溶区与甘野、大浮一带碎屑岩区的接触地带。东部碎屑岩区不直接进入 MODFLOW-RIVER 模型中计算，补给量分两部分：第一部分是地表产流集中补给，通过甘野洼地中的 G053 溪沟水流监测点计算出每单位碎屑岩区的地表产流量，该部分地表产流分别通过甘野 G054、大浮 G034 地下河入口集中补给岩溶地下水系统，由 SWMM 计算得出，直接代入 MODFLOW 模型中；第二部分边界线状补给，通过 ZK14、ZK15 两个监测孔及抽水试验资料，计算出碎屑岩区对岩溶区的侧向补给量，处理为通用水头边界。

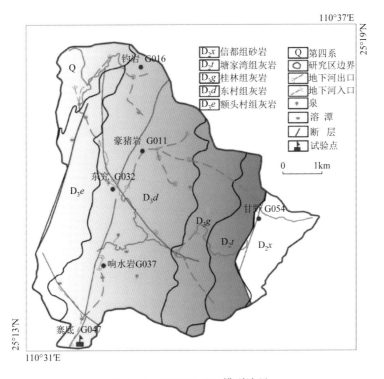

图 6-14　MODFLOW 模型边界

南部地下河总出口 G047 排泄边界，实际为相距约 25m 的两个排泄口，处理给定水头边界，其边界水位值由 ZK07 孔监测水位确定。北部边界由 ZK04 孔监测水位确定，处理为通用水头边界。除上述两个地段边界外，其他边界为地下水分水岭边界，即零流量边界。

（二）顶底板高程

海洋—寨底地下河系统数值模型概化为两层，上层表示岩溶区包气带及季节性饱水带，下层表示饱水带及岩溶管道。其中顶板地形高程详见图 6-15。顶板高程为 201.27～810.63m，平均高程 421.87m；第一层底板高程为 190～500m，平均高程 298.86m；第二层底板高程为 150～350m，平均高程为 230.03m。

（三）子系统边界设置

根据寨底子系统设置模型内部边界，如图 6-16 所示。模型内部边界设置导水系数 0.000 01，使水平流形成相对隔水挡板，刻画子系统边界。

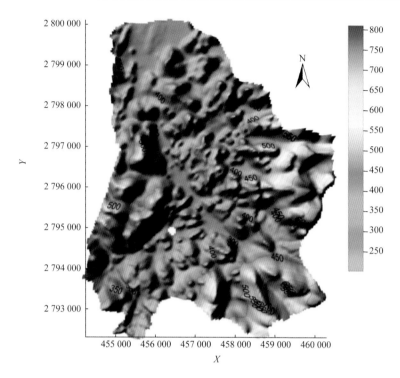

图 6-15 顶板地形高程

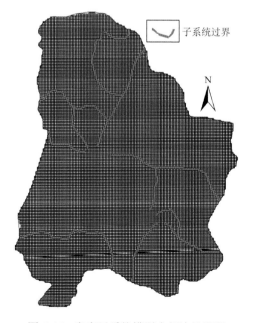

图 6-16 寨底子系统模型内部边界设置

二、MODFLOW 模型原理

MODFLOW 模型是由美国地质调查局的 Mc Donald 和 Harbaugh 开发出来的，基于连续多孔介质理论的地下水流模拟软件；在不考虑水的密度变化的条件下，孔隙介质中地下水在三维空间的流动采用达西水流模型微分方程来表示：

$$\frac{\partial}{\partial x}(K_{xx}\frac{\partial h}{\partial x}) + \frac{\partial}{\partial y}(K_{yy}\frac{\partial h}{\partial y}) + \frac{\partial}{\partial z}(K_{zz}\frac{\partial h}{\partial z}) - W = S_s\frac{\partial h}{\partial t}$$

$$h(x,y,z,t) = h_1(x,y,z,t), (x,\ y,\ z) \in \Gamma_2, t>0$$

$$K_n\frac{\partial h}{\partial n} = q(x,y,z,t), (x,y,z) \in \Gamma_3, t>0$$

$$h(x,y,z,t) = h_0(x,y,z), t = 0$$

其中，K_{xx}、K_{yy}、K_{zz} 分别为 x、y、z 方向的水力传导系数；h 为压力水头；W 为单位体积上的源汇项；S_s 为单位储水系数；t 为时间；Γ_2、Γ_3 分别为给定水头边界河给定流量边界；$h_1(x,y,z,t)$ 为 Γ_2 边界上给定水头；$q(x,y,z,t)$ 为 Γ_3 边界上的给定流量；K_n 为 Γ_3 边界法线 n 上的水力传导系数；$h_0(x,y,z)$ 为定解初始条件（$t = 0$）水头值。

MODFLOW 模型结合边界条件、初始条件采用有限差分法解算，含水层离散网格如图 6-17 所示。

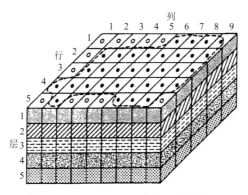

图 6-17　MODFLOW 含水层离散网格

三、寨底地下河数值模型

（一）网格剖分及边界处理

模拟期为 2014 年 1 月 1 日～2014 年 12 月 31 日，分 12 个应力期，每个应力期为 3 个步长，共计 36 步长。网格剖分大小为 40m×40m，X 方向为 454 220～460 340，长度 6120m，共计 153 列；Y 方向为 2 792 300～2 800 100，长度 7800，共计 195 行，网格数为 29 835。平面分为 7 个区，垂向分为两层。北侧和东侧边界处理为第三类水头边界，南部排泄点处理为第一类边界，岩溶管道利用 RIVER 子模块处理（图 6-18）。其中剖面 AA′，BB′垂向形态详见图 6-19、图 6-20，从图中可以看出，其中 AA′经过三处岩溶管道，BB′经过两处岩溶管道。

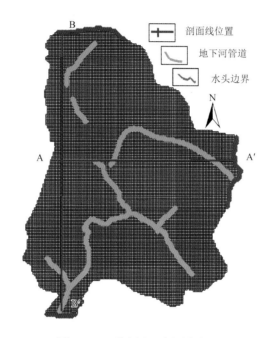

图 6-18　网格剖分及剖面线位置

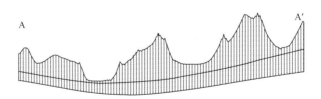

图 6-19　AA′剖面示意图

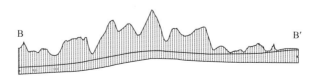

图 6-20　BB′剖面示意图

（二）源汇项处理

研究区内主要补给项有降雨入渗补给、侧向边界补给；主要排泄项有蒸发排泄、侧向边界流出、管道排泄。研究区内建立了 5 个降雨量监测站，45 个水位流量监测站，监测频率 4h/次，对每个块段的降雨量、水位等有严格控制。不同应力期源汇项动态变化如图 6-21 所示。

大气降水到岩溶区后，存在两种补给方式：

第一种，面状入渗补给，降水到地表后或形成地表径流过程中，以面或线状方式垂直入渗补给到地下。这部分入渗量由 SWMM 计算得出，随后按照 MODFLOW 的数据输入格式代入模型，即通过入渗系数乘以入渗面积进行确定。

第二种，形成地表径流并汇集到溪沟通过点状方式补给地下岩溶管道，如琵琶塘 G029 消水洞，海洋谷地汇集的地表水由该点消于地下，这时，该部分补给量仅分配到某个节点。该入渗量也由 SWMM 计算得出，随后按照 MODFLOW 的数据输入格式代入模型，即利用 WELL 子模块进行模拟。4 个降雨分区降雨入渗系数分别为 0.7、0.6、0.55 和 0.2（图 6-22）。

将 SWMM 计算出的管道水位、流量等数据及参数代入 MODFLOW 模型中，利用其 RIVER 子模块等效的模拟岩溶管道水流，目的是模拟处研究区整体的地下水流场图。图 6-23 表示不同应力期 RIVER 子模块等效水力参数设置情况，该参数与管道直径和管道内水位有关。

蒸发量已由 SWMM 计算得出，通过设置 MODFLOW 模型的 EVT 子模块的相关参数等效模拟其蒸发量。

降雨和蒸发资料为实际测量数据，南部管道流量数据为实际测量数据。

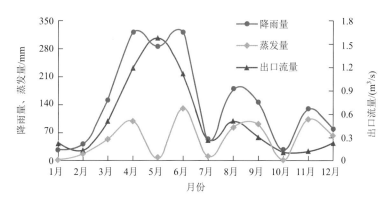

图 6-21　不同应力期源汇项动态变化

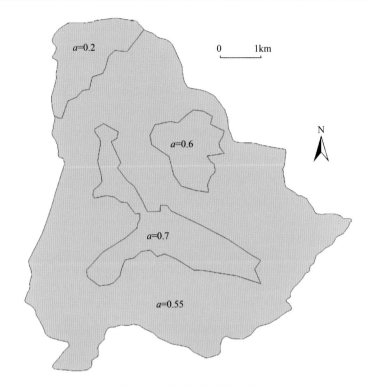

图 6-22　降雨入渗系数分区

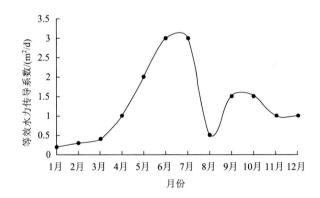

图 6-23　不同应力期两子模块等效水力传导系数设置

　　海洋—寨底地下河系统内，发育有多个岩溶大泉（如 G043、G045）和地下河子系统出口（如 G032、G044），同时也发育多个大型消水洞或天窗（如 G037等），岩溶泉和地下河子系统出口排泄的地下水通过消水洞或天窗再次补给地下。这些排泄口处理为抽水点，所对应的源汇项数值为负；消水洞和天窗处理为注水点，所对应的源汇项数值为正值。

（三）水文地质参数分区

第一层平面上分为 7 个水文地质参数区，包含碎屑岩区及岩溶区；第二层分为 3 个水文地质参数区。其中第一层渗透系数分别为 0.5m/d，0.7m/d，0.8m/d，1.1m/d，0.9m/d，0.35m/d，0.2m/d，给水度分别为 0.022、0.015、0.017、0.015、0.014、0.012 及 0.01。第二层渗透系数分别为 3.0m/d，1.2m/d，1.1m/d，储水系数分别为 0.000 05，0.000 006 及 0.000 000 8（图 6-24）。

（四）初始流场

初始流场根据稳定流模型末期水位绘制而得，水流自北向南、自东向西径流（图 6-25）。

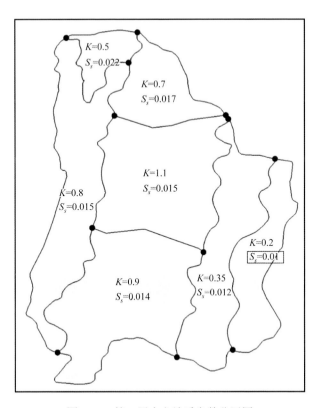

图 6-24　第一层水文地质参数分区图

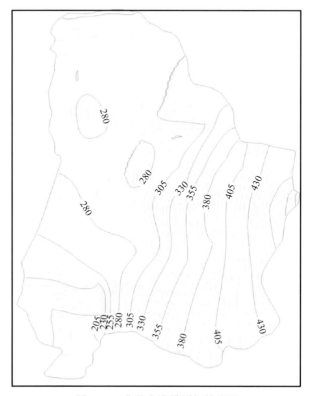

图 6-25　非稳定流模型初始流场

（五）模型识别验证

　　通过不断调整参数和计算，控制模拟点的总体均方差为 1.71，各控制点的模拟曲线如图 6-26～图 6-33 所示，最终模型末期水位如图 6-34 所示。

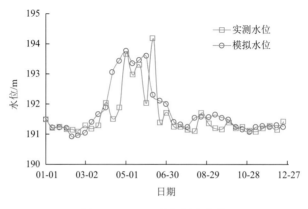

图 6-26　ZK07 水位拟合曲线

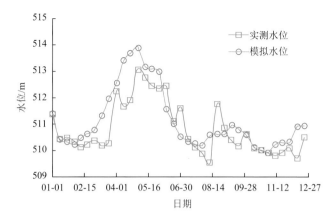

图 6-27　ZK14 水位拟合曲线

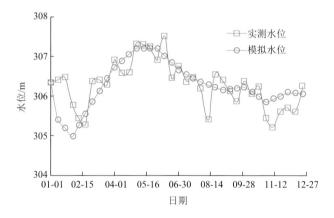

图 6-28　G015 水位拟合曲线

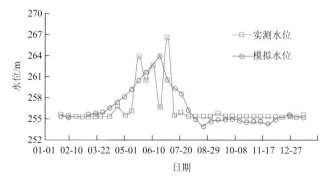

图 6-29　G037 水位模拟结果

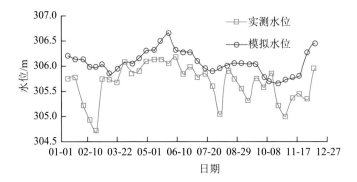

图 6-30　G019 水位模拟结果

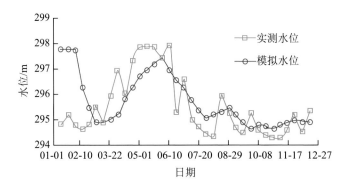

图 6-31　ZK21 水位模拟结果

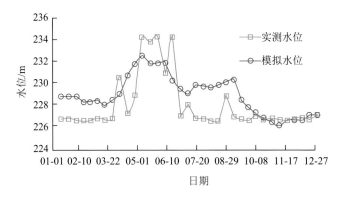

图 6-32　ZK09 水位模拟结果

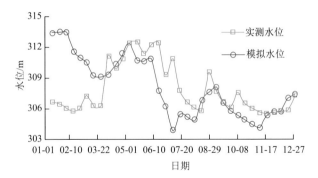

图 6-33 ZK13 水位模拟结果

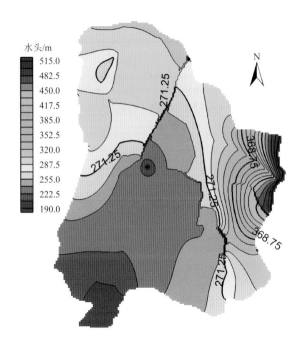

图 6-34 模拟末期流场图

从图 6-26～图 6-33 中可以看出 ZK07、ZK14、G015、G037、G019、ZK21、ZK09 及 ZK13 水位拟合变化趋势较好，均方差小于 1.8，对于岩溶区地下水模拟来讲可达到基本精度要求。

针对概化岩溶管道问题，选取岩溶管道水力传导系数讨论模型敏感度问题。分别选择岩溶管道水力传导系数 $\alpha = 0.0001\text{m}^2/\text{d}$、$\alpha = 0.001\text{m}^2/\text{d}$、$\alpha = 0.01\text{m}^2/\text{d}$、$\alpha = 0.1\text{m}^2/\text{d}$、$\alpha = 1\text{m}^2/\text{d}$、$\alpha = 10\text{m}^2/\text{d}$、$\alpha = 100\text{m}^2/\text{d}$ 及 $\alpha = 1000\text{m}^2/\text{d}$ 时，ZK07 模拟水位曲线从高水位变化至低水位，可以看出水力传导系数变化在一定范围内（$0.1 \leqslant \alpha \leqslant 10\text{m}^2/\text{d}$）时，影响水位较大，当超出一定范围，水位变化较小（图 6-35）。

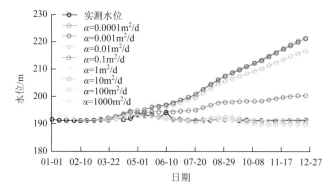

图 6-35　选取不同岩溶管道水力传导系数时水位变化曲线

（六）水均衡分析

表 6-8、表 6-9 表示海洋—寨底地下河系统水资源量及不同应力期水均衡分析，从表中可以计算出海洋—寨底地下河系统水资源量：降雨量 3581.94 万 m³/年，外源水补给量 482.01 万 m³/年，含水层释放量 289.75 万 m³/年，总补给量为 4353.70 万 m³/年；其中岩溶管道排泄量 3619.72 万 m³/年，边界排出量 68.36 万 m³/年，局部泉排泄量 199.95 万 m³/年，含水层储存量 442.66 万 m³/年。

表 6-8　海洋—寨底地下河系统水资源量

	补给排泄项	水资源量/(万 m³/年)	所占比例/%
补给项	降雨入渗	3581.94	82.27
	外源水补给	482.01	11.07
	含水层释放量	289.75	6.66
	总补给量	4353.70	100.00
排泄项	岩溶管道排泄量	3619.72	83.93
	含水层储存量	422.66	9.80
	局部泉排泄量	199.95	4.64
	水头边界	68.36	1.59
	蒸发量	2.25	0.05
	总排泄量	4310.69	100.00

表 6-9　海洋—寨底地下河系统不同应力期水均衡分析

模拟时段	补给项/(m³/d)				排泄项/(m³/d)						水均衡误差	相对误差
	降雨入渗	水头边界	含水层释放量	总补给量	蒸发量	水头边界	含水层储存量	局部泉排泄量	岩溶管道排泄量/m³	总排泄量/m³		
1月	24 675.90	18 867.09	0.00	43 542.99	5.38	380.94	0.00	10 000.00	33 183.17	43 569.49	26.50	-0.06
2月	65 099.30	17 982.65	0.00	83 081.95	10.66	617.24	25 552.70	10 000.00	46 913.44	83 094.03	12.08	-0.01
3月	157 786.70	14 763.82	0.44	172 550.96	193.81	1 904.23	53 005.45	10 500.00	106 931.30	172 534.79	-16.17	0.01
4月	201 023.40	10 790.73	0.00	211 814.13	535.81	3 756.14	39 602.75	7 100.00	160 814.90	211 809.60	-4.53	0.00
5月	200 851.10	8 778.85	12.61	209 642.56	1 111.87	4 525.69	16 835.05	8 200.00	178 960.90	209 633.50	-9.06	0.00
6月	125 858.60	9 794.19	25 858.81	161 511.60	1 470.27	3 449.82	60.07	8 200.00	148 334.90	161 515.05	3.45	0.00
7月	76 794.28	11 762.96	29 503.54	118 060.78	1 264.73	1 921.57	0.12	3 200.00	111 676.80	118 063.22	2.44	0.00
8月	108 247.20	11 998.27	1 739.36	121 984.83	1 068.54	1 987.39	6 191.34	3 200.00	109 529.20	121 976.46	-8.37	0.01
9月	58 551.70	12 885.99	20 504.05	91 941.74	808.14	1 331.58	1.03	2 750.00	87 052.33	91 943.07	1.33	0.00
10月	53 070.75	14 186.31	10 580.20	77 837.26	540.57	1 014.53	80.56	2 249.18	73 956.14	77 840.98	3.72	0.00
11月	69 929.60	14 344.67	1 649.21	85 923.48	379.67	1 038.64	6 200.54	1 149.18	77 143.41	85 911.44	-12.04	0.01
12月	52 090.82	14 515.67	6 735.60	73 342.09	295.43	858.74	22.10	100.00	72 076.62	73 352.88	10.79	-0.01

参 考 文 献

陈崇希，1995. 岩溶管道-裂隙-孔隙三重空隙介质地下水流模型及模拟方法研究[J]. 地球科学：中国地质大学学报，20（4）：361-366.

陈宏峰，张发旺，何愿，等，2016. 地质与地貌条件对岩溶系统的控制与指示[J]. 水文地质工程地质，43（5）：42-47.

陈雪彬，周军，蓝家程等，2013. 基于在线示踪技术的岩溶地下河流场反演与水文地质参数估算[J]. 中国岩溶，32（2）：148-152.

陈余道，程亚平，王恒，等，2013. 岩溶地下河管道流和管道结构及参数的定量示踪：以桂林寨底地下河为例[J]. 水文地质工程地质，40（5）：11-15.

崔光中，朱远峰，覃小群，1988，岩溶水系统的混合模拟：以北山岩溶水系统模拟为例[J]. 中国岩溶，7（3）：253-257.

郭纯青，2004.中国岩溶地下河系及其水资源[M]. 桂林：广西师范大学出版社：15-25.

韩行瑞，2015. 岩溶水文地质学[M]. 北京：科学出版社.

何师意，Michele L，章程，等，2009. 高精度地下水示踪技术及其应用：以毛村地下河流域为例[J]. 地球学报，30（5）：673-678.

胡军，2013. 地下水的自动化监测过程[J]. 水文地质工程地质，1：101-102.

胡俊栋，陈静，王学军，等，2005. 多环芳烃室内土柱淋溶行为的 CDE 模型模拟[J]. 环境科学学报，25（6）：821-828.

姜光辉，2016. 融合生态学和提升岩溶水数值模拟技术的国际前沿研究[J]. 中国岩溶，35（1）：1-4.

姜光辉，郭芳，林玉石，等，2008. 岩溶管道示踪试验的定量解析[J]. 水文地质工程地质：384-387.

蒋忠诚，袁道先，1999. 表层岩溶带的岩溶动力学特征及其环境和资源意义[J]. 地球学报，20（3）：302-308.

蒋忠诚，王瑞江，裴建国，等，2001. 我国南方表层岩溶带及其对岩溶水的调蓄功能[J]. 中国岩溶，20（2）：106-110.

井柳新，刘伟江，2013. 中国地下水环境监测网的建设和管理[J]. 环境监控与预警，5（2）：1-4.

李晋生，陈怀玉，1987. 罗丹明 B 示踪试验检测方法初探[J]. 环境科学情报，（6）：5-8.

林敏，1984. 泉流量衰减方程中 α 系数物理意义的探讨[J]. 勘察科学技术，5：6-10.

卢海平，邹胜章，于晓英，等，2012. 桂林海洋—寨底典型地下河系统地下水污染分析[J]. 安徽农业科学，40（4）：2181-2185.

卢丽，李文莉，裴建国，等，2014. 基于 IsoSource 的桂林寨底地下河硝酸盐来源定量研究[J]. 地球学报，35（2）：248-254.

鲁程鹏，束龙仓，苑利波，等，2009. 基于示踪试验求解岩溶含水层水文地质参数[J]. 吉林大学学报（地球科学版），39（4）：717-721.

梅正星，1988. 地下水连通试验资料的整理和分析[J]. 水利水电技术，（1）：10-16.

潘晓东，学灵，唐建生，等，2014. 寨底地下河系统脆弱性评价指标体系及方法[J]. 广西师范大学学报（自然科学版），32（2）：168-174.

裴建国，梁茂珍，陈阵，2008. 西南岩溶石山地区岩溶地下水系统划分及其主要特征值统计[J]. 中国岩溶，27（1）：6-10.

覃小群，2007. 广西岩溶区地下河分布特征与开发利用[J]. 水文地质工程地质，（6）：10-13.

汪进良，姜光辉，侯满福，等，2005. 自动化监测电导率在盐示踪试验中的应用：以云南八宝水库盐示踪试验为例[J]. 地球学报，26（4）：371-374.

王大纯，张人权，史毅红，1980. 水文地质学基础[M]. 北京：地质出版社.

王恒，陈余道，2013. 桂林寨底地下河系统弥散系数研究[J]. 地下水，4：13-15.

王喆，卢丽，夏日元，等，2013. 岩溶地下水系统演化的数值模拟[J]. 长江科学院院报，30（7）：22-28.

王喆，夏日元，易连兴，2012. 西南典型地下河含水介质结构特征分析：以寨底地下河塘子厄至东宎段示踪试验
为例[J]. 西部资源，3：70-72.

王喆，夏日元，Chris Groves，等，2014. 西南岩溶地区地下河水质影响因素的 R 型因子分析：以桂林寨底地下河
为例[J]. 桂林理工大学学报，34（1）：45-50.

夏日元，蒋忠诚，邹胜章，等，2017. 岩溶地区水文地质环境地质综合调查工程进展[J]. 中国地质调查，4（1）：1-10.

杨平恒，刘子琦，贺秋芳，2012. 降雨条件下岩溶泉水中悬浮颗粒物的运移特征及来源分析[J]. 环境科学，33（10）：
3376-3381.

杨平恒，罗鉴银，彭稳，2008. 在线技术在岩溶地下水示踪试验中的应用：以青木关地下河系统岩口落水洞至姜
家泉段为例[J]. 中国岩溶，27（3）：215-220.

易连兴，夏日元，卢东华，2012. 水化学分析在勘探确认地下河管道中的应用：以寨底地下河系统试验基地为例[J].
工程勘察，2：43-46.

易连兴，夏日元，唐建生，等，2010. 地下水连通介质结构分析：以寨底地下河系统试验基地示踪试验为例[J]. 工
程勘察，11：38-41.

易连兴，夏日元，唐建生，等，2015. 西南岩溶地下河流量重复统计问题及其对策探讨[J]. 中国岩溶，34（1）：72-78.

袁道先，2002. 中国岩溶动力系统[M]. 北京：地质出版社.

袁道先，蔡桂鸿，1988. 岩溶环境学[M]. 重庆：重庆出版社.

张艳芳，陈喜，程勤波，等，2010. 基于流量衰减过程的岩溶地区水文地质参数求取方法[J]. 水电能源科学，28（11）：
55-58.

章程，2000. 南方典型溶蚀丘陵系统现代岩溶作用强度研究[J]. 地球学报，1：86-91.

赵良杰，夏日元，易连兴，等，2015a. 基于流量衰减曲线的岩溶含水层水文地质参数求取方法[J]. 地球学报，45（6）：
1817-1821.

赵良杰，夏日元，易连兴，等，2016. 岩溶地下河浊度来源及对示踪试验影响的定量分析[J]. 吉林大学学报（地球
科学版），37（2）：241-246.

赵良杰，杨杨，易连兴，等，2015b. 应用物理非平衡 CDE 模型反演岩溶管道流参数[J]. 工程勘察，（9）：56-59.

郑克勋，刘建刚，咸云尚，等，2008. 地下水典型连通示踪模型的数值模拟[J]. 贵州水力发电，22（3）：54-60.

周仰效，李文鹏，2007. 区域地下水位监测网优化设计方法[J]. 水文地质工程地质，1：1-9.

朱远峰，崔光中，覃小群，等，1992. 岩溶水系统方法及其应用[M]. 南宁：广西科学技术出版社.

Alfaro C，Wallace M，1994. Origin and classification of springs and historical review with current applications[J].
Environmental Geology，24（2）：112-124.

Andrea B，Philippe R，Fabien C，2016. Can one identify karst conduit networks geometry and properties from hydraulic
and tracer test data?[J]. Advances in Water Resources，90：99-115.

Arnold J G，Srinivasan R，Muttiah R S，et al，1998. Large area hydrologic modeling and assessment part I：model
development [J]. Journal of the American Water Resources Association，34（1）：73-89.

Baedke S J，Krothe N C，2001. Derivation of effective hydraulic parameters of a karst aquifer from discharge hydrograph
analysis [J]. Water Resources Research，37（1）：13-19.

Barenblatt G I，Zheltov I P，Kochina I N，1960. Basic concepts in the theory of seepage of homogeneous liquids in
fissured rocks [J]. Journal of Applied Mathematics and Mechanics，24（5）：1286-1303.

Bauer S，Liedl R，Sauter M，2002. Modelling of karst genesis at the catchment scale–influence of spatially variable hydraulic conductivity[J]. Acta Geologica Polonica，52（1）：13-21.

Bonacci O，2001. Analysis of the maximum discharge of karst springs[J]. Hydrogeology Journal，9（4）：328-338.

Boussinesq J，1877. Essai sur la théorie des eaux courantes[M]. Paris：Imprnationale.

Boussinesq J，1903. Théorie analytique de la chaleur mise en harmonic avec la thermodynamique et avec la théorie mécanique de la lumière：Tome II[M]. Paris：Gauthier-Villars.

Boussinesq J，1904. Recherches théoriques sur l'écoulement des nappes d'eau infiltrées dans le sol et sur débit de sources[J]. Journal de Mathématiques Pures et Appliquées，10：5-78.

Clemens T，Hückinghaus D，Sauter M，et al.，1996. A combined continuum and discrete network reactive transport model for the simulation of karst development[C]//Proceedings of the ModelCARE 96 Conference held at Golden，Colorado，IAHS Publ，237：309-318.

Cornaton F，Perrochet P，2002. Analytical 1D dual-porosity equivalent solutions to 3D discrete single-continuum models. Application to karstic spring hydrograph modelling[J]. Journal of Hydrology，262（1-4）：165-176.

Dewandel B，Lachassagne P，Bakalowicz M，et al.，2003. Evaluation of aquifer thickness by analyzing recession hydrographs [J]. Hydrology，274：248-269.

Donigian J R A S，1983. Model predictions vs. field observations：The model validation/testing process[C]//Swann R L，Eschenroeder A. Fate of Chemicals in the Enviroment. Washington D C：American Chemical Society.

Dreiss S J，1982. Linear kernels for karst aquifers[J]. Water Resources Research，18（4）：865-876.

Dreybrodt W，1988. Processes in karst systems [M]. Berlin：Springer-Verlag：230-234.

Dreybrodt W，1996. Principles of early development of karst conduits under natural and man-made conditions revealed by mathematical analysis of numerical models[J]. Water Resources Research，32（9）：2923-2935.

Dreybrodt W，Gabrovšek F，Romanov D，2005. Processes of A Speleogenessis：A Modeling Approach[M]. Ljubjana：Založba ZRC.

Dreybrodt W，Siemers J，2000. Cave evolution on two-dimensional networks of primary fractures in limestone[C]// Klimchouk A，Ford D C，Palmer A N，et al. Speleogenesis：Evolution of Karst Aquifers. Huntsville：National Speleological Society：201-211.

Eisenlohr L，Bouzelboudjen M，Király L，et al.，1997a. Numerical versus statistical modelling of natural response of a karst hydrogeological system[J]. Journal of Hydrology，202（1-4）：244-262.

Eisenlohr L，Király L，Bouzelboudjen M，et al.，1997b. Numerical simulation as a tool for checking the interpretation of karst spring hydrographs [J]. Hydrology，193：306-315.

Field M S，1997. Risk assessment methodology for karst aquifers：（2）solute-transport modeling[J]. Environmental Monitoring and Assessment，47（1）：23-37.

Field M S，2002. The Qtracer2 program for tracer-breakthrough curve analysis for tracer tests in karstic aquifers and other hydrologic systems [M]. Washington D C：U. S. Environmental Protection Agency.

Field M S，Pinsky P F，2000. A two-region nonequilibrium model for solute transport in solution conduits in karstic aquifers[J]. Journal of Contaminant Hydrology，44（3）：329-351.

Fiorillo F，2011. Tank-reservoir drainage as a simulation of the recession limb of karst spring hydrographs [J]. Hydrogeology Journal，19：1009-1019.

Fiorillo F，2014. The recession of spring hydrographs，focused on karst aquifers [J]. Water Resour Manage，28：1781-1805.

Flora D B，Curran P J，2004. An empirical evaluation of alternative methods of estimation for confirmatory factor analysis with ordinal data[J]. Psychological Methods，9（4）：466.

Ford D C，Williams P，2007. Karst Hydrogeology and Geomorphology[M]. 2nd Edition. Chichester：Wiley.

Fournier M，Massei N，Bakalowicz M，et al.，2007. Using turbidity dynamics and geochemical variability as a tool for understanding the behavior and vulnerability of a karst aquifer [J]. Hydrogeology Journal，（15）：689-704.

Gabrovšek F，Dreybrodt W，2001. A comprehensive model of the early evolution of karst aquifers in limestone in the dimensions of length and depth[J]. Journal of Hydrology，240（3-4）：206-224.

Ghasemizadeh R，Hellweger F，Butscher C，et al.，2012. Review：Groundwater flow and transport modeling of karst aquifers，with particular reference to the North Coast Limestone aquifer system of Puerto Rico[J]. Hydrogeology Journal，（20）：1441-1461.

Goldscheider N，2005. Fold structure and underground drainage pattern in the alpine karst system Hochifen-Gottesacker[J]. Eclogae Geologicae Helvetiae，（98）：1-17.

Griffiths G A，Clausen B，1997. Streamflow recession in basins with multiple water storages[J]. Journal of Hydrology，190（1-2）：60-74.

Groves C G，Howard A D，1994a. Early development of karst systems：1. Preferential flow path enlargement under laminar flow[J]. Water Resources Research，30（10）：2837-2846.

Groves C G，Howard A D，1994b. Minimum hydrochemical conditions allowing limestone cave development[J]. Water Resources Research，30（3）：607-615.

Hall F R，1968. Base-flow recession-a review[J]. Water Resources Research，4（5）：973-983.

Halihan T，Wicks C M，1998a. Modeling of storm responses in conduit flow aquifers with reservoirs[J]. Journal of Hydrology，208（1-2）：82-91.

Halihan T，Wicks C M，Engeln J F，1998b. Physical response of a karst drainage basin to flood pulses：Example of the Devil's icebox cave system（Missouri，USA）[J]. Journal of Hydrology，204（1-4）：24-36.

Hartmann A，Goldscheider N，Wagener T，et al.，2014. Karst water resources in a changing world：Review of hydrological modeling approaches[J]. Review of Geophysics，52：218-242.

Hiller T，Kaufmann G，Romanov D，2011. Karstification beneath dam-sites：From conceptual models to realistic scenarios[J]. Journal of Hydrology，398（3-4）：202-211.

Horton R E，1933. The role of infiltration in the hydrologic cycle[J]. Eos，Transactions American Geophysical Union，14（1）：446-460.

Howard A D，Groves C G，1995. Early development of karst systems：2. Turbulent flow[J]. Water Resources Research，31（1）：19-26.

Hu B X，2010. Examing a coupled continuum pipe-flow model for groundwater flow and solute transport in a karst aquifer[J]. Acta Carsologica，39：347-359.

Kaufmann G，2003. Modelling unsaturated flow in an evolving karst aquifer[J]. Journal of Hydrology，276（1-4）：53-70.

Kaufmann G，Romanov D，2012. Landscape evolution and glaciation of the Rwenzori Mountains，Uganda：Insights from numerical modeling[J]. Geomorphology，138（1）：263-275.

Király L，2003. Karstification and groundwater flow[J]. Speleogenesis and Evolution of Karst Aquifers，1（3）：155-192.

Kovács A，2003. Estimation of conduit network geometry of a karst aquifer by the means of groundwater flow modeling （Bure，Switzerland）[J]. Boletín Geologicóy Minero，114（2）：183-192.

Kovács A，Perrochet P，Király L，et al.，2005. A quantitative method for the characterization of karst aquifers based on spring hydrograph analysis [J]. Journal of Hydrology，303：152-164.

Kresic N，2007. Hydrogeology and groundwater modeling[M]. 2nd Edition. Boca Raton：CRC Press.

Kullman L，1990. Dynamics of altitudinal tree-limits in Sweden：A review[J]. Norsk Georafisk Tidskrift, 44（2）：103-116.

Larocque M，Banton O，Ackerer P，et al.，1999. Determining karst transmissivities with inverse modeling and an equivalent porous media[J]. Groundwater，37（6）：897-903.

Lauber U，Goldscheider N，2014. Use of artificial and natural tracers to assess groundwater transit-time distribution and flow systems in a high-alpine karst system（Wetterstein Mountains，Germany）[J]. Hydrogeology Journal，22：1807-1824.

Lauritzen S L，1992. Propagation of probabilities，means，and variances in mixed graphical association models[J]. Journal of the American Statistical Association，87（420）：1098-1108.

Liedl R，Sauter M，Hückinghaus D，et al，2003. Simulation of the development of karst aquifers using a coupled continuum pipe flow model[J]. Water Resources Research，39（3）：1057-1067.

Lin M，Chen C，1988. Analytic models of groundwater flows to karst springs[J]. Karst Hydrogeology and Karst Environment Protection，2：646-654.

Maillet E，1905. Ingénieur des Ponts et Chaussées[M]. Paris：Librairie Scientifique A. Hermann.

Meinzer O E，1923. The Occurrence of Ground Water in the United States with a Discussion of Principles[M]. Washington D C：Unite States Govement Printing Office.

Mohrlok U，Teutsch G，1997. Double continuum porous equivalent（DCPE）versus discrete modelling in karst terranes[C]//Proceedings of the International Symposium and Field Seminar on Karst. 1997：319-326.

Morales T，Uriarte J A，Olazar M，et al.，2010. Solute transport modelling in karst conduits with slow zones during different hydrologic conditions [J]. Journal of Hydrology，390（3-4）：182-189.

Mudarra M，Andreo B，Marin A I，et al.，2014. Combined use of natural and artificial tracers to determine the hydrogeological functioning of a karst aquifer：The Villanueva del Rosario system（Andalusia，southern Spain）[J]. Hydrogeology Journal，（22）：1027-1039.

Nebbache S，Feeny V，Poudevigne I，et al.，2001. Turbidity and nitrate transfer in karstic aquifers in rural areas：the Brionne Basin case-study [J]. Journal of Environmental Management，（62）：389-398.

Netopil R，1971. The classification of water springs on the basis of the variability of yields[C]//Sbornik-Hydrological Conference，Papers，22：145-150.

Nielsen D R，van Genuchten，Biggar J W，1986. Water flow and solute transport processes in the unsaturated Zone [J]. Water Resources Research，22（9）：89-108.

Palmer A N，1991a. Origin and morphology of limestone caves[J]. Geological Society of America Bulletin, 103（1）：1-21.

Palmer J D，1991b. Plastid chromosomes：structure and evolution[J]. The Molecular Biology of Plastids，7：5-53.

Perrin J，Luetscher M，2008. Inference of the structure of karst conduits using quantitative tracer tests and geological information：example of the Swiss Jura [J]. Hydrogeology Journal，（16）：951-967.

Peterson E W，Wicks C M，2003. Characterization of the physical and hydraulic properties of the sediment in karst aquifers of the Springfield Plateau，Central Missouri，USA [J]. Hydrogeology Journal，（11）：357-367.

Plummer L N，Wigley T M L，1976. The dissolution of calcite in CO_2-saturated solutions at 25°C and 1 atmosphere total pressure[J]. Geochimica et Cosmochimica Acta，40（2），191-202.

Quinn J J，Tomasko D，Kuiper J A，2006. Modeling complex flow in a karst aquifer [J]. Sedimentary Geology, 184（3-4）：343-351.

Ruffino B，2015. Fluoride tracer test for the performance analysis of a basin used as a lagooning pre-treatment facility in a WTP [J]. Environmental Science and Pollution Research.

Schoeller H，1965. Hydrodynamics of the karst [J]. Hydrology of Fractured Rocks，1：3-20.

Shoemaker W B，Kuniansky E L，BirkS，et al.，2008. Documentation of a Conduit Flow Process（CFP）for MODFLOW-2005 [R]. Reston：U.S. Geological Survey：1-50.

Siemers J，Dreybrodt W，1998. Early development of karst aquifers on percolation networks of fractures in limestone[J]. Water Resources Research，34（3）：409-419.

Springer A E，Stevens L E，Anderson D E，et al.，2008. A comprehensive springs classification system：Integrating geomorphic，hydrogeochemical，and ecological critera[C]//Aridland Springs in North America：Ecology and Conservation. Tucson：University of Arizona Press：49-75.

Teutsch G，1993. An extended double-porosity concept as a practical modeling approach for a karstified terrain[C]//Proceedings of the Antalya Symposium and Field Seminar，Wallingford：IAHS Publication：281-292.

Toride N，Leji F J，van Genuchten，1995. The CXTFIT code for estimating transport parameters from laboratory or field tracer experiments [M]. New York：U. S. Salinity Laboratory：15-24.

Valdes D，Dupont J P，Massei N，et al.，2006. Investigation of karst hydrodynamics and organization using autocorrelations and T-ΔC curves [J]. Journal of Hydrology，（329）：432-443.

van Genuchten，Wagenet R J，1989. Two-site/two-region models for pesticide transport and degradation：Theoretical development and analytical solutions [J]. Soli Science Society of America Journal，53（5）：1303-1310.

White W B，1977. Role of solution kinetics in the development of karst aquifers[J]. Karst Hydrology International Association of Hydrogeologists，12th Memories，12（1）：503-517.

Wicks C M，Herman J S，1995. The effect of zones of high porosity and permeability on the configuration of the saline-freshwater mixing zone[J]. Groundwater，33（5）：733-740.

Yi L X，Xia R Y，Tang J S，et al.，2015. Karst conduit hydro-gradient nonlinear variation feature study：Case study of Zhaidi karst underground river [J]. Environmental Earth Science，74：1071-1078.

Zhang B，Lerner D N，2000. Modeling of ground water flow to adits[J]. Groundwater，38（1）：99-105.

Zhao L，Yang Y，Xia R，et al.，2018. Evaluation of a hydrodynamic threshold in the Zhaidi karst aquifer（Guangxi Province，China）[J]. Environmental Earth Sciences，77（12）：424.

Zoran S，2015. Karst Aquifers：Characterization and Engineering[M]. Cham：Springer International Publishing.